電腦組裝全能王

呂志敏　編著
馬肇亨　審閱

全華圖書股份有限公司

★ 作者序

電腦對人們的生活已經不可或缺，重要性已經和冰箱、電視機等電器產品相當，然而在選購一部電腦時，難度卻不如購買電器產品那般容易，因為面對各種不同等級和功能的電腦，大都不知道自己要買什麼樣的電腦？哪種電腦才符合我的需求？所以許多人常聽信店家推薦，買了許多自己不合用的電腦規格，花了許多冤枉錢。更有許多新手在沒有對電腦全面性瞭解的狀況下，第一次冒險組裝電腦，導致購買到許多不合用的零組件，拼湊出問題多多的電腦，導致使用時當機連連。

因此，學習組裝電腦，不但可讓自己瞭解電腦中各個零組件，也容易透過零組件的功能特色，抓住自己的使用需求。例如：想要使用電腦玩3D遊戲，我的電腦中哪些部分要加強？想要看藍光影片，要如何才不會發生延遲？並且有能力組裝一部穩定運作的電腦。

本書以筆者十多年來的寶貴經驗，透過簡淺的文字說明，一步步為讀者解說電腦中的各個零組件，並分析每項規格對往後電腦應用時的影響，讓讀者在學習的過程中，慢慢發現自己的電腦需求，進而投下準確的採購判斷。

本書內容分有「認識電腦的周邊配備」、「認識電腦中的零組件」、「零組件選購建議與規劃」和「電腦DIY組裝流程與維護」等四大主題。

在「認識電腦的周邊配備」的章節裡，將簡單分析電腦組裝的好處，再解說電腦的基本周邊配備，讓新鮮人可以知道我即將要學些什麼？學習組裝對自己有什麼影響？並認識學校或家裡的電腦外觀，能對電腦有個初步的瞭解。

第二主題「認識電腦中的零組件」部分，是學習本書中最為重要的章節，將詳細解說電腦中的CPU、主機板、記憶體、硬碟機等各種零組件所負責的工作、功能和規格，讓讀者能充分瞭解每個零組件對電腦運作的影響力，為往後面對零組件採購、組裝和維修時，有完整的硬體基本知識。

最後，在「零組件選購建議與規劃」和「電腦DIY組裝流程與維護」方面，將分享筆者多年來實際組裝的經驗，引導讀者學習電腦的配備規劃、採購技巧和組裝流程，相信能讓新鮮人一次學習到理論與實務，掌握和吸收筆者所有組裝經驗。

　　本書「電腦組裝DIY全能王」，以循序漸進的教學方式，期望能讓完全不懂電腦的新鮮人，能夠在短時間內成為一個電腦DIY的高手，也希望能夠幫助未來想要參加檢定考試的學生們，輕鬆為自己增添一項專業技能。

呂志敏

2011年4月

✪ 光碟使用說明

　　本書提供超值的DVD光碟片，內容包含了多套實用的軟體，也附上了精彩的「電腦組裝DIY影片」，讓此補助教材幫助您在閱讀本書之餘，學習得更輕鬆容易。在軟體放入電腦之後，電腦會自動讀取，並且在螢幕畫面上出現以下的選單畫面，使用者可以透過畫面上各項連結說明，直接開啓光碟影片和安裝軟體。

◉ 電腦組裝DIY教學影片：除了書中提供完整的安裝過程，我們也錄製了電腦組裝完整過程，可增加學習效率。

◉ 試用版軟體：收錄9款熱門、實用的軟體。

軟體名稱	說明
3DMark 11	可以測試3D顯示卡效能的軟體，測試數據受到業界公認，許多電腦媒體、雜誌都以此軟體為標準。試用版可以免費測試一次。
PCMark Vantage	電腦整體效能的測試軟體，測試數據受業界公認，許多電腦媒體、雜誌都以此軟體為標準。試用版可以免費測試一次。
CPU-Z	可以查詢電腦內零組件的詳細資訊，不用拆開機殼就可以一窺電腦的配備規格。
Norton Anti Virus 2011	最受歡迎的防毒軟體，可以協助電腦免於病毒的侵襲。試用版本有使用時間的限制。
Norton Internet Security 2011	諾頓網路安全大師，具有防火牆和防毒軟體，可以防範電腦在網路上的駭客侵襲，也能夠防止病毒危害。試用版本有使用時間的限制。
HD Speed	可測試硬碟、光碟機的讀取與寫入速率，以圖像的方式顯示速度變化。
SiSoftware Sandra Lite 2011	為電腦整體測試、零組件檢測的專業測試軟體。Lite為免費版本，無使用時間限制。
WINRAR	檔案壓縮和解壓縮的軟體，包含RAR和ZIP等網路常用的壓縮格式，為試用版，有使用時間的限制。
Norton Ghost 15.0	由諾頓公司所出品的磁碟備份工具，不需要背誦指令和學習，就可以將硬碟中的完整備份，是熱門的備份軟體，此為試用版，有使用時間的限制。

CONTENTS 目錄

CONTENTS
目錄

CONTENTS
目錄

17 BIOS的設定

18 作業系統的安裝

A 系統映像檔還原

CHAPTER 01
電腦自己組好處多

電腦已經是各家庭、個人生活所必備，各企業行號也大量依賴電腦來處理各種工作，因此，我們隨時都會遇到購買電腦的問題。

坊間雖然有許多品牌電腦可以選擇，不過硬體規格有時會覺得不適合自己，透過組裝，使用者可以有更多的自主性。當然，也有些人並不想自己動手組裝電腦，但是若能夠瞭解電腦組裝的知識，在購買電腦時，規格選擇也能更為精準，減少被店家、朋友「敲竹槓」，成為「冤大頭」。

1-1 為什麼要學電腦組裝？

在各大電腦賣場裡，很容易看到各種「品牌電腦」在展示銷售，很多人就會想：「我買這些電腦就好了，爲何還要學電腦組裝呢？既麻煩又花時間。」但是身處在電腦的時代，如果能夠習得組裝電腦的功夫，對往後的升學和就業過程中，可說是受益無窮，更何況，組裝電腦一點都不困難。

對於購買第一部新電腦的人，大都是選擇電腦大廠推出的「品牌電腦」，或者店家組裝的「套裝電腦」，因爲簡單、方便又比較便宜。但是使用一陣子之後，會發現電腦規格並不能滿足自己的需求，想要升級、添購一些零組件，但這時麻煩就來了，如果送去給電腦廠商或店家添加，除了要支出電腦零組件的費用，可能還要多付一些組裝工資，加上不懂電腦的情況，很容易會被「敲竹槓」或安裝「次級品」，甚至遇到不肖的店家，將二手零組件用全新價格來出售，這種吃虧上當的事件，在電腦市集裡屢見不鮮。

另一方面，如果電腦發生故障，自己無法排除，就必須要送去電腦廠商、店家處理，十分麻煩又沒效率；若找維修人員到府處理，必須要支付車馬費、維修費，十分划不來。就算人緣好，請教懂電腦的朋友，但又得欠上一份人情。

1-1-1 為自己的電腦品質把關

電腦是由許多零組件組裝而成，只要有一個零組件的品質不佳，就很容易造成電腦當機、不穩定的情況，可是現在生產各種零組件的廠商相當多，品質良莠不齊，一般店家自行組裝的套裝電腦，價格雖然便宜，但是不肖的店家會挑選成本較低、品質較差的零組件組裝，來增加利潤收入，雖然也可以運作，但是當機故障的機會就會提高。

因此，自己學習組裝電腦，就會去電腦賣場親自挑選每個零組件，在這樣的情況下，自然瞭解每個零組件的廠牌、品質和價格，進而把關電腦零組件的品質，讓電腦的每個零組件都貨真價實。

▶ 許多「白牌」的電腦周邊、零組件，價格低廉，品質卻堪慮，容易魚目混珠。

1-1-2 將錢都花在刀口上、適用度100%

自己才知道自己為什麼買電腦，做什麼用？想要打3D電腦遊戲？還是只要上上網、打打文件？還是做數位影像處理？或者想要一台最頂級、多媒體功能齊全的電腦？要滿足這些需求，選擇搭配的零組件都不一樣，坊間銷售的套裝電腦，因為數量大，要求低組裝成本，很難會依照各種不同的使用者需求來組裝，所以很有可能發生花錢買到平常都用不到的功能，或者沒有買到滿意的效能和功能，得事後另外付費升級，形成不必要的浪費。

▶ 進行3D遊戲需要強而有力的電腦，沒有透過自己組裝，很難擁有。

另一方面，自己的電腦漸漸不符所需，想要換一台新的電腦，可是又覺得舊電腦上的部分零組件，在效能和功能還很滿意，想要沿用到新電腦上。因此，自己能夠針對不足的部分來升級更換，並沿用舊電腦的部分零組件，如此可以節省許多不必要的花費，將每一分錢都花在刀口上。

1-1-3 進入數位世界的捷徑

在這個數位時代，生活上幾乎少不了數位電子產品，例如：手機、PDA、筆記型電腦、隨身聽、電視遊樂器、汽車中的電腦系統、數位相機等，甚至工作時所要接觸的各樣電腦設備。

這些產品，說穿了都是應用電腦的架構來設計、延伸，所以只要透過電腦組裝的過程，瞭解到電腦中各個零組件的功用，如何相互搭配運作，在腦海裡有基本的觀念，自然而然，在往後接觸到數位電子產品，就可以輕鬆、快速的上手使用它們，甚至簡易排除故障問題。

▶ 電腦組裝，大人、小孩都可以一起入門。

1-2 自己組裝、店家組裝和品牌電腦的差異

▶ 品牌電腦的獨創性高，若要進行擴充，需要送去原廠，不能自己動手。圖為HP Pavilion a500電腦。

購買電腦的來源有三種，分別是自己組裝、店家組裝與品牌電腦。店家組裝的電腦如一般電腦店、小型電腦公司等；品牌電腦則為Acer、HP、IBM、聯強、捷元等品牌皆是。

先從硬體來說，自己、店家組裝所採用的零組件、機殼與周邊設備，在一般零售電腦賣場都買得到，只是差異在自己組裝或店家代工組裝而已。而各品牌大廠推出的套裝電腦，對產品都會進行獨創設計，包括機殼的外型、排風散熱、連接埠位置、便利性設計等，都有特別的規劃，但是內部的零組件，則與一般自行組裝的相同，可以在一般零售電腦賣場取得。

品牌電腦擁有整機保固服務，因此，不能擅自改裝和升級，非原廠維修人員拆解就會失去保固，而且電腦具有獨特的硬體設計，會增加改裝的難度。自組與店家組裝的電腦就沒有此顧慮，只有針對零組件做保固服務，某零組件故障，就送修更換即可。

不過，店家組裝的電腦，可能會使用庫存品或次級零組件以降低成本，購買時需要注意。

在軟體部分，店家、品牌電腦都會隨機提供作業系統，有些甚至會提供作業系統回復功能，方便使用者自己維護電腦。不過羊毛出在羊身上，軟體價格也內含在電腦售價裡，而且提供的作業系統與軟體不一定是消費者所需要的，容易造成不必要的金錢浪費。

1-3 輕鬆學習組裝電腦

電腦雖然是一部複雜的電子機器，由許多個零組件組裝而成，不過零組件都已經模組化，如同拼圖一般，所以入門前不用煩惱自己的電腦知識不夠，也不用擔心會有困難的組裝技巧，只要透過本書的學習步驟，就可以完整、快速的學習電腦組裝，就會發現組裝電腦是如何的簡單容易！

本書提供一個學習電腦組裝的步驟，從步驟中一步一步的吸收相關知識，並依照步驟循序講解。當然，過程中還是需要讀者親自下手學習、採購與動手組裝。

1	初步認識電腦的外觀和基本周邊設備
2	初步認識電腦主機內部的零組件
3	初步認識電腦必備的作業系統
4	進階充實電腦各零組件和周邊的知識
5	學習分析、規劃與採購電腦零組件和周邊
6	學習電腦組裝技巧
7	電腦硬體BIOS基本設定
8	學習安裝電腦的作業系統
9	學習安裝電腦的驅動程式
10	學習電腦效能檢測

 組裝電腦的步驟

透過一套妥善的計畫與步驟來組裝電腦，可以讓過程更加順暢，更容易實現自己的功能需求，而且除了節省時間，整體花費還有可能便宜不少呢！

1	分析自己使用電腦最想做的工作
2	規劃電腦組件、配備與費用預算
3	至商場、賣場訪價與採購電腦各項組件
4	著手進行組裝電腦
5	將CPU、風扇、記憶體裝於主機板
6	將電源供應器與主機板裝入機殼
7	連接機殼面板訊號線到主機板
8	安裝顯示卡於主機板上
9	將硬碟、光碟機、軟碟機裝入機殼
10	檢查各項零組件、排線、電源線安裝
11	關上機殼蓋板
12	開機測試與調整電腦
13	安裝作業系統、驅動程式與應用軟體
14	完成電腦組裝

1-5 電腦外部的基本周邊設備

　　在電腦主機以內的設備稱為「零組件」，電腦主機以外的設備則為「周邊設備」。而周邊設備有基本與擴充性兩種分別。

　　所謂基本的周邊設備，就是在目前主流的Windows視窗環境裡，只要少了它們，就不能正常使用電腦。所以學習組裝電腦，必須要先知道一部電腦的基本周邊設備。除了主機(Computer)以外，還有鍵盤(Keyboard)、滑鼠(Mouse)、顯示器(Monitor)與喇叭(Speaker)等四種周邊設備。

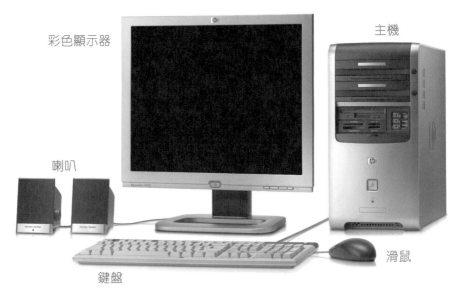

彩色顯示器　　　　　　　　　　　　　　　　主機

喇叭

鍵盤　　　　　　　　　　　　　　　　　　　滑鼠

▶ 電腦的基本周邊設備。

　　擴充性周邊設備，則是非必要性的設備，是依照個人不同的使用需求所安裝的周邊設備，例如：外接式硬碟機(External Hard Drive)、隨身碟(USB Flash Device)、印表機(Printer)、網路攝影機(Webcam)、掃描器(Scanner)、耳機(Headphones)、麥克風(Microphone)、Skype網路電話(Skype Phone)等。

◉ 主機：是一部電腦的核心，由機殼、中央處理器(CPU)、記憶體、硬碟等等零組件組裝而成，負責資料的運算、儲存等工作。

◉ 鍵盤：有許許多多的按鍵，是把資料與指令輸入到電腦的設備。

◉ 滑鼠：在Windows視窗環境下，可以加快輸入電腦指令的設備。

◉ 彩色顯示器：可以顯示電腦的運作狀態與圖文資訊的設備。

◉ 喇叭：可以播放電腦發出的聲音，一般有警告音、提示音與音樂等訊息。

認識主機的外觀

　　電腦主機是電腦的核心，裝置了許多零組件，這些零組件都要和周邊設備來一起完成使用者指示的工作，所以電腦主機的前方與後方都裝置了許許多多的連接埠，來連接周邊設備。透過下圖就可以快速的瞭解：

▶ 主機正面。

名稱	說明
光碟機	是讀取光碟片的裝置，可讀取資料與安裝軟體。目前主流機種也包含燒錄光碟片的功能。
軟碟機	儲存與讀取3.5吋軟碟片的裝置，是小型文件、程式檔案的傳遞媒體。
前方面板連接埠群	一般包含USB埠、麥克風埠、耳機埠，部分電腦有提供IEEE 1394(Firewire)埠，全都具備熱插拔的功能。
系統按鍵	包含可以開機、關機的系統開關鈕(Power)和重新啟動的系統重置鈕(Reset)。
系統燈號	提供電腦電源指示燈(電腦開啟時恆亮，關閉後熄滅)與硬碟工作指示燈(硬碟執行存取工作時亮起，工作完畢後熄滅)。

在這裡除了教導各位認識主機各種連接埠之外，我們也提示了各種連接埠是否可以在開機時連接或拔除周邊設備，稱為「熱插拔」，因為有些連接埠如果在開機狀態下將插頭拔下和插上，會導致電腦損壞，千萬要注意。

電源供應器

視訊連接埠：數位型(DVI，左)、S端子(TV-OUT，中)與類比型(D-Sub，右)。

▶ 主機背面。

PS/2鍵盤連接埠

PS/2滑鼠連接埠

序列埠

並列埠

IEEE 1394連接埠

USB連接埠

網路連接埠

音訊連接埠群

名稱	說明	熱插拔
電源供應器	是供應電腦電力的裝置。若意外拔除,電腦電力就會中斷。	不可
鍵盤與滑鼠連接埠	名稱是PS/2埠,若任意拔除會導致電腦當機或無法使用。	不可
視訊連接埠	透過它連接顯示器,有數位型(DVI)、S端子(TV-OUT)與類比型(D-Sub)三種。不可熱插拔,雖然在開機時連接也可正常使用,但是並非正規的連接方式,有可能會導致顯示器或顯示卡損壞,所以還是在開機前連接妥當。	不可
USB連接埠	可以連接印表機、掃描器、數位相機、行動碟、PDA等各式各樣的周邊裝置。	可
IEEE 1394連接埠	可以連接數位攝影機、其他電腦或外接式儲存裝置。	可
序列埠	連接紅外線、不斷電系統控制介面等周邊裝置。連接後周邊設備還是無法使用,需要重新開機。	不可
並列埠	可連接舊款使用並列埠的印表機。雖然在開機時插入印表機,也可以正常使用,但是很可能會傷害主機板。	不可
網路連接埠	可以連接網路,與其他電腦傳遞資料以及遨遊網際網路,都要靠它,連接埠名稱為RJ-45。	可
音訊連接埠群	可以連接喇叭、麥克風和音訊輸入埠。	可
擴充卡空槽	如果機殼內部有安裝擴充介面卡,這些空槽就是供介面卡的對外連接埠。	

1-7 主機內的零組件

將電腦打開,可以看到許多組成電腦的零組件,我們先來瞭解各零組件的位置與名稱。

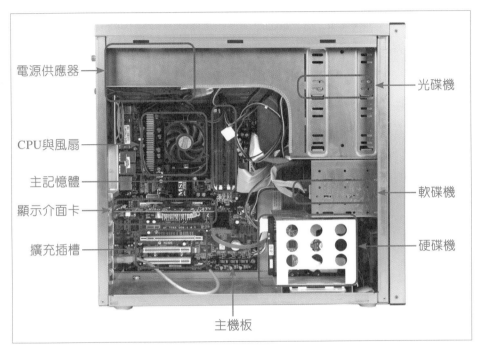

▶ 主機內部。

⊙ 主機板:如同電腦的身體,掌管輸出入所有工作。

⊙ CPU與風扇:中央處理器(CPU)是電腦的「大腦」,負責電腦運算的工作;而風扇是負責CPU的散熱工作。

⊙ 主記憶體:是電腦運作時,供應CPU存取資料的位置,提供適當的容量,電腦效率也會因此提升;不過關機後,資料就會消失。

⊙ 顯示介面卡:提供電腦的數據轉換成2D/3D畫面的功能,顯示卡等級越高,產生的畫面也越好。

- ◉ 擴充插槽：提供使用者擴充電腦功能，可插入多種功能的介面卡，如電視卡、藍牙卡等。

- ◉ 硬碟機：儲存電腦所有的軟體、資料檔案的裝置，具有超大容量、存取速度快等優點。關機後資料仍然存在。

- ◉ 光碟機：是讀取光碟片的裝置，可讀取資料與安裝軟體。目前主流機種也包含燒錄光碟片的功能。

- ◉ 軟碟機：儲存與讀取3.5吋軟碟片的裝置，是小型文件、程式檔案的傳遞媒體，但是近幾年已經接近淘汰，電腦上幾乎不再裝置此項配備。

自我評量

◎ 選擇題

(　　) 1. 下列哪個不是基本的電腦周邊設備？(A)印表機 (B)滑鼠 (C)顯示器 (D)鍵盤。

(　　) 2. 下列哪個不是電腦的零組件？(A)滑鼠 (B)CPU (C)記憶體 (D)硬碟機。

(　　) 3. 在Windows視窗環境可以加快輸入指令的設備是？(A)鍵盤 (B)喇叭 (C)印表機 (D)顯示器。

(　　) 4. 下列哪個連接埠可以在開機狀態時進行「熱插拔」？(A)PS/2 (B)D-Sub (C)DVI (D)USB。

(　　) 5. 下列哪個連接埠在開機狀態時拔除，不會傷害電腦？(A)平行埠 (B)序列埠 (C)DVI (D)IEEE 1394。

(　　) 6. 下列哪個不屬於擴充周邊？(A)外接式硬碟機 (B)喇叭 (C)網路攝影機 (D)掃描器。

(　　) 7. 有關熱插拔的敘述，何者有誤？(A)隨身碟就是熱插拔裝置的一種 (B)使用耳機時，需要將電腦關機才能連接耳機埠 (C)連接顯示器的視訊接頭如果掉了，必須先將電腦關機再插上比較好 (D)安裝喇叭時，可以在不需關機的狀態下連接3.5mm音訊連接埠。

(　　) 8. 著手組裝電腦時，下列何者為最先進行？(A)將主機板安裝上機殼 (B)安裝顯示卡在主機板上 (C)安裝光碟機到機殼裡 (D)安裝硬碟機到機殼裡。

◎ 問答題

1. 請大致敘述三個學習電腦組裝的好處？

_____

_____

_____

2. 請根據圖片，填寫出電腦外部四項基本周邊設備的中、英文名稱。

❶ _____

❷ _____

❸ _____

❹ _____

CHAPTER 02
中央處理單元CPU

CPU(Central Processing Unit)中文稱為「中央處理單元」或「中央處理器」，一般人簡稱為「處理器」(Processor)。它在電腦中所扮演的角色，如同人的大腦，負責算數運算、邏輯運算、資源調配和周邊控制等重要的工作，如果發生故障，電腦就會完全停止運作，是非常重要的零組件。另一方面，CPU的等級高低、性能優劣，會影響到電腦的運算效能與價格，也是判斷電腦等級的依據。

2-1 CPU的基本產品知識

不論是品牌電腦還是自己組裝的電腦，內部使用的CPU都是由CPU專業製造廠商所設計生產的，目前市場佔有率最高的是Intel(英特爾)與AMD(超微)兩大廠商，兩者在技術上相互競爭，但也帶領全球科技不斷向前。

要挑選一個符合自己的預算和效能的CPU，就得先要瞭解這兩家廠牌的CPU的規格、技術名詞，否則到了賣場，望著CPU盒子上一堆英文規格與數字，很容易買錯又多花冤枉錢。以下是我們將為讀者分析Intel與AMD的CPU產品，並簡單說明各項常見的規格與技術名稱，讓各位快速的吸收與瞭解。

2-1-1 CPU的長相

將電腦的機殼打開，並不會直接看到CPU，因為CPU運作時會產生熱能，所以藏身在一個大風扇的下方才能散熱。CPU雖然是電腦中最重要的零組件，但體積也是最小的，猶如一塊豆乾的尺寸。不過，在這個小體積中，卻內含了億個以上電晶體。

▶ 因為CPU運作時會產生高溫，所以打開機殼時不會直接看到CPU，都藏身在大風扇下方。

在市場上，不論是Intel還是AMD廠牌的CPU，外型設計都是使用四方型。一面為銀色的金屬蓋或者是裸裝的晶片，另一面為密密麻麻的針腳(pin)。不過，Intel自2004年開始所推出的CPU，已經取消針腳的設計，改由「接觸點」的方式，減少針腳因意外而斷裂的風險。

▶ CPU 3D正面。加上金屬蓋，可以保護內部的晶片核心。

▶ CPU有密密麻麻的針腳，只要斷掉一根，CPU就沒用了，所以拿取時務必要小心謹慎。

▶ Intel推出的CPU，已經取消針腳的設計。

2-1-2 CPU的名稱

每個人都有自己的名字，而CPU也不例外。例如：Intel的Core i7 2600K、Core i5 2500、Core 2 Quad Q9300、Core 2 Duo E6600、Celeron 2.0GHz；AMD的Phenom II X6 1075T、Phenom X3 8750、AthlonII X4 640等等，都是CPU的名稱。

　　若把名字分解來看，Intel廠牌的Core 2、Pentium D、Celeron；AMD廠牌的Phenom II、Phenom、Athlon64等，是其CPU的系列名稱。而每個系列都有不同的效能等級，所以系列名稱之後緊接的就是型號，代表CPU的等級。

▶ CPU的名稱是富有玄機的。

　　在稍早時期，CPU都是直接以運算時脈的數字「GHz/MHz」當作型號，消費者可以很容易看出效能高低。不過，現在科技進步很快，一個CPU中已經包含2個、3個、4個以上的運算核心，單純以時脈高低來命名並不能代表它的效能，因此，捨棄使用CPU運算時脈來命名，取而代之的是「自訂型號」，例如：Intel Core 2 Duo E6600、Phenom II X4 940等等。其中不變的法則是：同個系列中，型號數字越大代表CPU運算效能越好，價格也越貴。當然，CPU廠商還是會在產品盒上標明CPU的運算時脈，購買時也可藉此參考。

廠牌	系列	等級型號(時脈)
Intel	Core i7	2600K(3.4GHz)
AMD	PhenomII X6	1055T(2.8GHz)

2-1-3 CPU的核心代號

CPU的正式名稱不是在設計生產時就命名好的，而是使用一個製造廠商內部的暫時名稱，稱為「核心代號」。核心代號是代表CPU某個核心架構系列，或者是系列中某個範圍等級，然後旗下再延伸出更多的CPU產品。通常一般人不太容易知道核心代號的名稱，只有電腦玩家和狂熱者才會有興趣搜尋到相關資料，而且當CPU確定上市銷售，就會使用正式的名稱來取代研發代號。

舉例來說，主流的Intel Core i7/i5 CPU，它們都屬於「Nehalem」架構系列，然後延伸「Bloomfield」、「Lynnfield」和新推出的「Sandy Bridge」等更多核心代號。其他例如AMD的Callisto、Toliman、Kentsfield，或Intel的Conroe XE、Merom等也是核心代號。

如果將其比較起來，正式名稱是不是比較好記呢？一般人也容易辨認CPU的等級。

2-1-4 CPU的核心製程

CPU是一片晶片，內部是密密麻麻的細微電路，稱為核心(Die)。在晶片成形之前，是在一個圓形盤上生成核心電路，這個大圓盤稱為晶圓(Wafer)；每片晶圓上可以切割出許許多多的晶片，再經由封裝加工，就成為大家所看到的CPU。

▶ 晶片都在「晶圓」上生成(圖片來源：Intel網站)。

核心的電路生產技術，稱為製程(Manufacture Process)，是指晶片中核心電路的粗細寬度，以「微米(μm)」或「奈米(nm)」為單位，目前我們常聽到的有90奈米、65奈米和45奈米等製程。越細微的製程，技術越先進，電晶體也做得更小，因此，核心可以容納更多的電晶體，CPU運算效率自然也就跟著提高。

另一方面，以電子學的原理來說，電晶體的體積越小，所需的電量就越低，電阻也自然降下來，伴隨而來的就是省電、低溫，所以擁有精良的製程，好處真的很多。

目前Intel和AMD的CPU製程都已達到45奈米，Intel也提出32奈米的產品計畫，應該很快就會與世人見面。

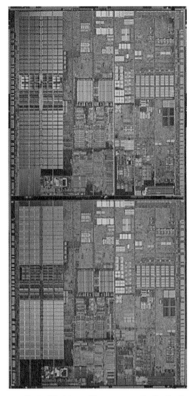

▶ 在顯微鏡下的CPU，有密密麻麻的電路(圖片來源：Intel網站)。

◻ CPU系列中有許多不同效能和製程設計的CPU，所以有不同的研發代號

Intel Core i CPU研發代號表		
CPU系列名稱	代號(製程)	實體核心數
Core i7	Nehalem-Bloomfield(45nm)/Lynnfield(45nm)/Gulftown(32nm), Sandy Bridge(32nm)	四核心 六核心
Core i5	Nehalem-Lynnfield(45nm), Westmere-Clarkdale(32nm), Sandy Bridge(32nm)	四核心
Core i3	Westmere-Clarkdale(32nm), Sandy Bridge(32nm)	雙核心

Intel Core 2 CPU研發代號表		
Core 2 Duo	Conroe (65nm)Allendale (65nm)	雙核心
	Wolfdale (45nm)	雙核心
Core 2 Quad	Kentsfield (65nm)Yorkfield (45nm)	四核心
Core 2 Extreme	Conroe XE(65nm)	雙核心
	Kentsfield XE (65nm)Yorkfield XE(45nm)	四核心
AMD Phenom CPU研發代號表		
CPU系列名稱	代號(製程)	實體核心數
Phenom II	Callisto, Heka, Deneb. Thuban(45 nm)	二~六核心
AthlonII	Regor, Rana, Propus(45 nm)	二~四核心
Phenom	Toliman, Agena (65 nm)	三~四核心

2-1-5 CPU的封裝

　　CPU原本是從晶圓上切割下來一片薄薄的晶片，還不能跟主機板連接，要使用塑膠或陶瓷等材料，包上一層外殼保護，避免細微的核心電路遭到損壞，並且植入一根根的腳位才能正常使用，如此的加工過程就稱為「封裝」，是CPU最後一道生產程序，因此，封裝和晶片腳位有很大的關係，所以封裝名稱大都會加入腳位數量來命名。例如：最新的Core i7 (Sandy Bridge)系列CPU採用LGA1155；AMD Phenom II是使用AM3封裝。其實封裝工作不只用於CPU產品，各式各樣的電子晶片如繪圖晶片、網路晶片等，都要透過封裝才能正常使用。

▶ AM3封裝。

▶ LGA 1366封裝。

2-1-6 CPU的腳位與CPU插座

新的CPU在設計階段時，會把CPU腳位(又稱接點或針腳)和插座規格一起設計，這樣CPU才能與主機板上的插座相搭配對應。例如採用LGA 775封裝的CPU必須要搭配Socket T的CPU插座；LGA 1366的封裝需要對應Socket B的CPU插座；AM3封裝的CPU要安裝在Socket AM3的插座上。所以，不同的CPU腳位都要搭配適當的CPU插槽，購買時要特別注意。(請見主機板章節說明)

▶ Socket T和Socket B CPU插座。

2-1-7 CPU的速度單位：Hz

Hz(Hertz)是頻率的計算單位，中文為「赫茲」。它是代表一秒鐘可執行週期現象的次數。稍早的CPU是使用MHz(M為Mega，百萬)，意為每秒有百萬次的執行週期，而近年來技術發展快速，則是以GHz(G為Giga，十億)為單位，減少以數字表示時過長的現象。

2-1-8 64位元CPU的時代

數位電路都是採用二進位，用數字碼表示為0或1，這0或1在CPU的運算裡，都屬於一個「位」數。因此，所謂32位元的CPU(32bits)，就是CPU一次使用32位數的二進位法來進行運算；而64位元CPU(64bits)，則是一次使用64位數的二進位法來運算。所以64位元CPU的運算效能會比32位元的CPU來得快。可是使用64位元的CPU必須要安裝64位元的作業系統(OS)和64位元的應用軟體來配合，才可以發揮最好的效能。

目前市面上的CPU，不管是Intel還是AMD或任何等級，已經同時支援32和64位元運算，Intel的64位元技術稱為「EM64T」，AMD為「AMD64」，購買CPU時可以不用特別尋找。

2-1-9 CPU的核心數量

以往一個CPU晶片中只有一個核心，主掌許許多多的運算工作，CPU運算負荷很容易滿載，處理速度無法提升。因此，推出了多核心CPU的概念，就是將多個核心電路濃縮在一個CPU晶片中，就像一部電腦裝入了多個CPU一樣，一件事情有了分工，減少CPU負荷滿載的機會，可以大幅加快處理速度。

▶ Intel四核心CPU的內部線路(圖片來源：Intel網站)。

不過要注意的是，多核心並不代表擁有多倍的運算效能，僅是提供較好的分工能力。目前個人電腦市場上有實體單核心、雙核心、三核心、四核心和六核心等CPU產品。而Intel的CPU產品具備HT超執行緒功能(Hyper-Threading)，能夠模擬多核心運算，例如實體四核心則可以模擬成八核心來運作，增加更多效能。

◀)) 知識補充　使用多核心CPU要注意的事

使用多核心CPU必須要符合兩個條件，才能「英雄有用武之地」，發揮最強的運算能力。

● 支援多核心CPU的作業系統

微軟Windows 7以及上一代Windows Vista作業系統都已支援多核心CPU，而更早的Windows XP則是必須選用專業版(Professional)才能夠支援多核心CPU。其他的作業系統如Linux系列等，因為版本較多選購時必須多加注意。

● 應用軟體必須要支援

現在市面有部分軟體不支援多核心CPU，或僅支援部分核心數量，也就是說運作時只會使用一到二個核心來工作，如果使用三核心或四核心的CPU，會有一到二個核心是閒置的，效能不會提升，因此在選購軟體時，要稍微注意。

2-1-10 CPU的內頻、外頻與倍頻

✪ 內頻

內頻(Internal Clock)又稱為主頻，就是CPU內部核心的工作頻率或運算速度，頻率越高，CPU在一個運算週期內完成的指令就越多，是一般辨認CPU等級時的重要指標，例如：Intel Core 2 Duo E6550(2.33GHz)中，2.33GHz就是內頻。

✪ 外頻

外頻(External Clock)則是CPU外部與主機板系統晶片傳輸的頻率，也稱為基本頻率，如133MHz、200MHz、266MHz。但要注意，CPU外頻不等於FSB的頻率。

✪ 倍頻

全名稱為倍頻係數(Clock Multiplier Factor)，是內頻與外頻之間的倍率。在很早期的電腦中並沒有倍頻的概念，因為內頻、外頻的頻率是一樣的，後來CPU速度提升，倍頻就被提出。倍頻的基本單位是0.5倍，一直往上無限的延伸，不過，現在CPU速度很快，所以幾乎以整數為倍頻延伸。因此，當外頻或倍頻一項改變，就會提升CPU的內頻效能，這也是超頻的一種方式。

內頻 = 外頻 × 倍頻

2-1-11 前端系統匯流排

前端系統匯流排(Front Side Bus, FSB)是CPU與北橋晶片之間傳輸資料的通道(北橋：主機板上掌管協調CPU、記憶體和顯示卡等工作的晶片)，FSB頻率越高，電腦效能越好。早期的CPU外頻和FSB是相同頻率，只有200MHz或333MHz而已，與CPU的外頻相同，所以大家以為FSB就是外頻，其實不正確。

在科技不斷更新時，Intel和AMD分別推出「Intel QDR（Quad Data Rate）」和「AMD HT（HyperTransport）」技術，大幅提升了FSB的傳輸頻率，前者可提升4倍、後者為5倍的倍率值，以滿足CPU提供更強的效能。使得Intel Core 2系列的FSB可支援800/1066/1333MHz；而AMD主流平台FSB則支援HT 1.0/2.0/3.0（1600/ 2000/ 5200MHz）。

　　到了2008年，Intel又推出了Nehalem(Core i7/i5)架構平台，提出「QPI（Quick Path Interconnect）」傳輸技術，將原本在北橋晶片中的記憶體控制器，直接放到CPU中，取代舊有的FSB傳輸概念，讓傳輸頻寬達到6.4GT/s，大幅提升電腦運算效能。

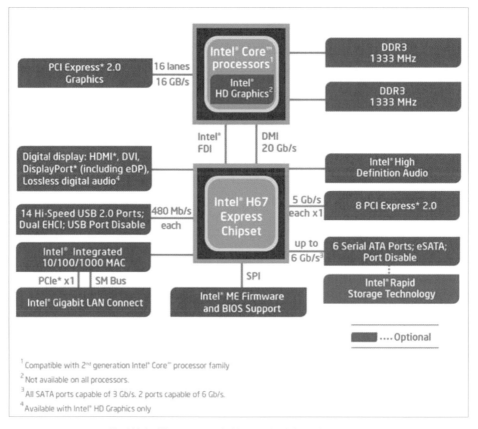

▶ 電腦系統架構圖，FSB位於CPU與北橋晶片間的通道。

系統匯流排單位？MHz與MT/s還是GT/s？

簡單的說，MHz為匯流排時脈頻率，MT/s與GT/s為總傳輸頻寬，而
1000MT/s = 1GT/s。

早期電腦的系統匯流排FSB設計比較單純，直接以時脈頻率「MHz」作
為傳輸頻寬的單位，例如：100MHz和133MHz，但是技術不斷演進，
Intel於Pentium 4推出Quad Pumped Bus架構，從原來的一條通道擴充到四
條，雖然每條傳輸頻率還是一樣，但是傳輸頻寬則擴增了四倍，也就是說
100MHz擴充為400MT/s，這個MT/s就是代表總傳輸頻寬的數量，然而當
時市場認知還是以MHz，所以廠商也不改其單位，仍定義為400MHz。

然而現在技術先進，傳輸頻寬越來越大，廠商都不再以MHz為單位，
全面改以MT/s和GT/s為主要標示單位，例如：6.4GT/s 其實時脈頻率為
1600MHz(1600*4=6400MT/s=6.4GT/s)。

2-1-12 Level 1/2/3快取記憶體

　　快取記憶體(Cache memory)是整合在CPU核心中的資料儲存區，主
要工作是緩衝CPU和主記憶體資料傳輸時的速差。快取記憶體的存取速
率非常快，大約高於主記憶體數十倍至百倍，當CPU把一筆資料處理完
畢，會依序到L1、L2和L3快取記憶體中存取下一筆資料。因此，如果
沒有快取記憶體，主記憶體會來不及準備CPU所需要的資料，導致CPU
閒置，電腦運算效能就會變慢，所以快取記憶體非常重要，而其容量的
多寡也會影響一部電腦的運算效能。

　　Level 1雖然速度最快，但是價格最昂貴，容量相當小，大都以KB
為單位，而Level 2最能兼顧生產技術、成本與效能，因此市場上通常
都以Level 2容量大小作為CPU採購的指標。目前CPU提供的L2容量在
256KB～12MB甚至更高；當然，如果L2容量太大，反而增加資料搜尋
時間、降低效能，因此CPU廠商就把企業商用級CPU才會有的L3快取
記憶體，轉移到中高階個人家用級CPU上，以增加更多的效能。

2-1-13 CPU的工作電壓

任何電器在運作時都需要電力、電壓，CPU也不例外。CPU在正常作業時所需要的電壓就稱為工作電壓(Supply Voltage)，合適的電壓可以讓CPU保持穩定。因為CPU製程不斷進步，所需的電壓會越來越低，不但可以減少熱能，也有節電的效用。目前CPU所需要的電壓都在1～2V左右，與早期的CPU需要3~5V相比，已經非常省電。

2-1-14 CPU指令集

CPU是透過指令來控制電腦系統，將許多指令內建在CPU中，可以簡化許多複雜的運算，減少CPU的運算週期，提升多媒體、圖形等複雜運算的能力，這就是「CPU指令集」的功用。因此，指令集的多寡、強弱，對CPU運算效能有著關鍵性的影響。一般常聽到Intel MMX(Multi Media Extended)、SSE(Streaming-Single instruction multiple data-Extensions)、SSE3或AMD的3DNow!等皆是，我們在往後的章節裡會陸續提到。

2-1-15 CPU的等級

CPU基本上分有企業商用級和個人家用級兩大類。前者應用在伺服器和工作站的電腦，具有高時脈、先進的技術和專業的功能，運算能力非常強，但價格也非常貴，不容易在電腦賣場中買到，Intel Xeon和AMD Opteron就是此類CPU。

▶ Intel Xeon系列和AMD Opteron系列皆為企業所使用的CPU，一般電腦店家很難買到。

　　而個人家用級，顧名思義就是一般個人在家中使用的電腦類型，分為高階、中階和低階平價等級產品，可以針對電腦遊戲、多媒體和工作等不同用途做選擇，當然價格也會有所不同，而本書所說明的就是此類CPU，例如：Intel i7、Intel i5、Intel 2 Duo、AMD Phenom II和AMD Athlon II等等。

✪ 高階等級的CPU

　　都具有四核心以上、高時脈、大容量的L2/L3快取記憶體，並搭配豐富的指令集，適用各種複雜的運算和工作應用，當然價格也最貴，例如：Intel i7、AMD Phenom II系列。

✪ 中階等級的CPU

　　產品涵蓋面最廣，採用雙核心、三核心和四核心都有，提供稍低於高階CPU的時脈，提供適量的L2快取記憶體，是價格與運算能力間取得平衡的等級，可以應付大部分的娛樂和工作應用，坊間銷售的電腦大都是採用此等級CPU，例如：Intel i5、Intel i3和AMD Athlon II系列。

✪ 入門平價版CPU

　　以雙核心爲主，提供較少的L2快取記憶體和時脈，並且減少部分指令集，適合上網、文書處理、多媒體和簡單的電腦遊戲等基本運用，當然在價格上較爲經濟實惠，通常僅需高階版四分之一、中階版的一半，甚至更少的費用，例如：Intel i3、Intel Pentium Dual Core、Celeron Dual Core E系列和AMD AthlonII X2系列等CPU。

▶ Intel Celeron Dual Core系列和AMD Sempron系列皆為平價版的CPU。

知識補充 什麼是伺服器？什麼是工作站？

伺服器的英文為Server，它不同於只為一個人服務的個人電腦或家用電腦，必須透過網路同時為很多人服務，而且工作是專業的。伺服器的類型有很多，有檔案伺服器(FTP Server)、網頁伺服器(Web Server)、郵件伺服器(Mail Server)等等。舉例來說，我們上網時所看到的網頁內容，就是網頁伺服器所提供的。

伺服器依照不同的工作性質，配置不同的軟硬體設備。如果依賴高效能的運算，可能會配置多個CPU和大容量的記憶體；如果是檔案伺服器，就需要很多大容量的硬碟來存放資料；當然，也有的小型伺服器就像個人電腦一樣的體積。而大型伺服器工作繁重，需要很強的硬體和軟體，體積就非常龐大，甚至要一個大房間才放得下，當然價格也非常貴，一般只有企業或公家機關才會用得到。

▶ 伺服器是企業行號才會用到的電腦。(圖片來源：msi網站)

工作站(Workstation)是一部專業領域的個人電腦，應用在建築設計、科學運算、動畫製作、軟體開發、金融管理或資訊資料服務等，所以硬體規格都是依照專業工作而設計。

舉例來說，我們常常看到動畫電影，都是使用工作站電腦完成的，它擁有效能強大的3D運算晶片，才能應付複雜、細緻的動畫運算。工作站的硬體設備非常昂貴，而且專門、專用，如果將一部3D動畫的工作站電腦裝上一般的3D電腦遊戲，它的遊戲效能可能比一般個人電腦還差，因為，它不是應用在娛樂遊戲方面，所以能夠瞭解它是多專業的一部電腦了吧！

▶ 工作站適合用在專業的運算工作，效能比一般電腦好很多。(圖片來源：HP網站)

2-2 瞭解 **AMD CPU**

AMD(美商超微半導體)在個人家用市場的佔有率雖然低於Intel，但卻是唯一能夠與其相競爭的CPU品牌。早期的CPU產品有K5、K6、AthlonXP(K7)等系列CPU，目前有Phenom II、Phenom、Athlon II、Athlon64 X2、Athlon64和Sempron等CPU。

AMD自2001年推出AthlonXP系列之後，因為具有卓越的浮點運算能力、低時脈、高效能和價格便宜，受到廣大消費者的歡迎，佔有率在短時間迅速攀升，讓Intel倍感壓力。

2003年，AMD的技術已與Intel相抗衡，甚至比Intel早先推出支援64位元的Athlon64 CPU(K8)，漸漸走出以往跟隨競爭者的角色，成為影響市場方向的CPU品牌。

從此之後，AMD市場地位逐漸穩固，並將產品線朝向多核心發展，推出雙核心Athlon64 X2、三核心Phenom X3、四核心Phenom X4，以及最新的Athlon II，對抗Intel 45nm製程的Core 2 Duo和Core 2 Quad系列CPU。而至2009年，則又將功能進一步提升，將Phenom II加入L3快取記憶體，正面迎戰Intel 高階Core i7系列CPU。

▶ 市售的最高階AMD Phenom II黑盒版本 CPU。(圖片來源：AMD網站)

2-2-1 AMD Socket AM2、AM2+與新架構AM3

Socket AM2是AMD CPU專用的插座名稱，於2006年推出，是當時為了將記憶體支援從DDR推向DDR2而設計，共有940個接點，雖然它與前一代Socket 940插座接點數相同，但是彼此並不相容。2007年AMD CPU不斷演進，為了要應付更高、更快的時脈，AMD改進了Socket AM2為Socket AM2+，取代原有的主力地位。

Socket AM2+新增支援更快的HyperTransport 3.0規格，頻寬為2.6GHz，比Socket AM2擴增了3倍之多，大幅提升電腦運算效率。Socket AM2+和Socket AM2的插座一樣，都擁有940個CPU接點，所以兩者架構下設計的CPU都能混用，只是新的產品會被Socket AM2的舊規格所限制，僅支援HyperTransport 1.0。

Socket AM3是2009年推出的插座規格，有941個接點，主要是全面支援更快速的DDR3記憶體，以及新的Phenom II、Athlon II和新一代Sempron系列CPU，而HyperTransport則延續3.0規格。

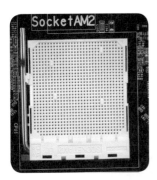  

▶ 由左到右依序為AMD Socket AM2、Socket AM2＋和AMD Socket AM3插座。

> **📢 知識補充** **Socket AM3的主機板不能使用Socket AM2＋的 CPU**
>
> 支援AMD Socket AM3的Phenom II、Athlon II和新的Sempron CPU，因為
> 同時內建DDR2和DDR3記憶體控制器，所以可以裝在Socket AM3和Socket
> AM2+插座的主機板上。但是Socket AM2+插座的CPU只有內建DDR2記憶
> 體控制器，並不能安裝在僅支援DDR3記憶體的Socket AM3主機板上，購
> 買時要特別注意。

2-2-2 效能飛龍Phenom/PhenomII系列

　　Phenom俗稱「飛龍」和「K10」，以多核心為主，目前有Phenom
和新一代PhenomII兩個系列，是AMD目前主打中、高階市場的主力產
品。

✪ Phenom

　　於2007年推出，為Socket AM2+架構、65nm製程，以多核心產品
為主，包括三核心Phenom X3和四核心Phenom X4系列，最大特色是
最先內建L3快取記憶體，容量最少有2MB，支援HyperTransport 3.0
規格，對效能增長有很大的幫助，推出時屬於最高階等級，目前已被
AM3的Phenom II取代，而且市場上已經買不到了。

▶ 四核心的Phenom X4 CPU。(圖片來源：AMD網站)

✪ Phenom II

　　於2008年底推出，初期產品採用Socket AM2+架構，後來2009年又推出了全新Socket AM3架構版本，增加對DDR3記憶體的支援，以主打競爭對手Intel Core i7的重量級CPU。全系列都採用先進的45nm製程，產品線從雙核心Phenom II X2、三核心Phenom II X3、四核心Phenom II X4和六核心Phenom II X6都有，並將L3快取記憶體的容量提升至9MB。此外，升級了Cool'n'Quiet 3.0省電功能，可以在電腦低負荷運作時，把低時脈降到最低800MHz，節省更多的電力。

▶ AMD Phenom II CPU的出現，和Intel Core i7，誰是高階霸主？(圖片來源：AMD網站)

❏ AMD Phenom/PhenomII支援插座比較

CPU系列名稱	AMD Phenom	AMD Phenom II	
製程	65nm	45nm	
架構版本	AM2+	AM2+	AM3
CPU接點	940	940	941
記憶體支援	DDR2	DDR2	DDR2、DDR3
CPU插座支援	AM2、AM2+	AM2、AM2+	AM2、AM2+、AM3

2-2-3 中低階新兵Athlon II系列

Athlon俗稱「速龍」，是AMD打下大片江山的重要功臣。過去曾有Athlon雷鳥系列、Athlon XP系列，以及最先支援64位元運算的Athlon64系列CPU和雙核心Athlon64 X2系列等等。然而，AMD並沒有因為Phenom的出現而取代其地位，於2009年中期，推出全新的Athlon II系列，市場定位為中低階等級CPU，有雙核心Athlon II X2、三核心Athlon II X3和四核心Athlon X4，主打Intel Core i3、Pentium Dual Core系列和Celeron等CPU。

Athlon II也是K10的一員，使用Socket AM3架構和45nm製程。與上一代Athlon64相比，提升了L2快取記憶體至1MBx2，而與Phenom II系列相比，最明顯是沒有L3快取記憶體。Athlon II在效能上來說，對於一般家庭和個人已經非常實用。

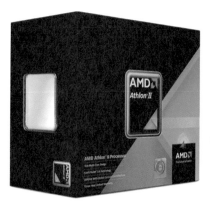

▶ 新的AMD Athlon II CPU，會不會再度點燃中階市場戰火？(圖片來源：AMD網站)

2-2-4 固守基本盤Sempron

AMD對於低階市場也是相當重視，從2004年推出以來，Sempron就是一位默默固守市場佔有率的功臣，主要競爭對手為Intel Celeron系列。

　　2009年新推出的Socket AM3架構版本的Sempron，採用45nm製程，支援DDR3記憶體，初期以單核心為主。雖然入門版CPU在L2快取記憶體的容量都比較小，Sempron也只有256KB，而且指令集也比較少，但是相對的Sempron較為省電、具有低價的優勢，因此對於文書、上網和簡單的多媒體應用來說，Sempron已經是非常好用且經濟實惠的CPU了。

▶ 主打低階市場Sempron CPU。(圖片來源：AMD網站)

2-2-5 常見的AMD CPU技術名詞

✪ 3DNow！指令集

　　AMD推出的3DNow！指令集，共有21條，顧名思義就是針對3D圖形運算環境所設計的指令集，並增強多媒體應用的浮點運算效能。例如：3D繪圖、座標運算、影音處理等，推出後廣泛運用在AMD所有的CPU上，不過指令集需要軟體的配合，當時支援3DNow！指令集的軟體並不多。

✪ Enhanced 3DNow! 指令集

　　AMD又將3DNow！指令集增加52個指令，稱為Enhanced 3DNow!，新增了多媒體的整體運算、語音辨識、視訊處理以及增強數位訊號運算等，此外，網路世界來臨，也針對網路瀏覽的效率做最佳化。

✪ 3DNow!Professional指令集

比Enhanced 3DNow!更多了51項指令，涵蓋SSE(Streaming SIMD Extensions)延伸指令集，讓功能更強勁，除了支援更多軟體做最佳化，也增強更多圖形、多媒體資料的運算能力，符合現代對電腦的應用需求。

✪ HyperTransport Technology(HT)

是AMD和許多廠商共同研發的匯流排技術，具有雙向傳輸和可變頻寬的特色，解決目前CPU頻率無法提升的瓶頸，藉由增加晶片與晶片之間的傳輸速度，來提升電腦的效能。HyperTransport已經用於FSB(前端系統匯流排)、南北橋晶片之間的資料傳輸。目前HyperTransport已經演進到3.0版本，頻寬可達2600MHz。

✪ Cool'n'Quiet(CPU動態節能技術)

是AMD推出的CPU省電技術，簡稱CnQ。它會根據電腦運算負荷自動調整CPU的頻率和電壓，進而降低CPU的耗電量和發熱量，同時也降低風扇轉速，減少風扇噪音。例如：使用者在進行文書處理時，CPU會降低頻率或電壓，讓電腦低速運作；當使用者開啓3D遊戲時，CPU會自動提升時脈運作，以提供最好的效能。目前AMD所推出的CPU都支援這項技術，並且演進到3.0版本，將省電效果增加到更大。(Intel類似功能爲EIST)

✪ SSE4a(多媒體指令集)

是AMD針對多媒體應用所開發的指令集，最先是內建在Phenom系列CPU中的指令集。主要提供電腦在圖形、影音編碼、3D運算、遊戲等多媒體應用時，提升更佳的效能。

✪ AMD Virtualization(AMD-V)

是AMD推出的虛擬化技術，它可以將一部電腦上同時執行多個作業系統和應用程式，就像一部電腦分割成多部虛擬電腦一樣，並且確保每個作業系統能夠提供高效能。在高階CPU上才會內建這項功能，因為企業、商用電腦才有機會使用AMD-V功能，一般個人和家庭不太會用到這個功能。(Intel類似功能為VT)

✪ NX bit(No eXecute bit)

是AMD推出的硬體防毒功能，其原理就是將指令和資料分開在不同的記憶體空間中存放，如此一來，在資料中的惡意指令就無法執行，達到防毒的效果。(Intel類似功能為XD Bit)

✪ AMD64

是AMD推出的支援64位元運算的技術名稱(x86-64架構)，有標示AMD64的CPU都支援64位元作業系統和軟體。它的好處是解除了32位元電腦使用超過4GB主記憶體的限制，大大增加電腦的執行能力，目前AMD所推出的CPU都提供這項技術。(Intel類似功能為EM64T)

2-3 瞭解Intel CPU

Intel(英特爾)，幾乎與「電腦」一名同稱，早在1971年就發展出第一顆CPU，並且持續制訂、研發電腦許多新規格和架構，而電腦逐漸普及之時，Intel就已經佔居領導者的地位，從最早的Pentium、Pentium II、Pentium III、Pentium 4、Pentium D到現在的Core 2 Duo、Core i7等多核心CPU，以先進的技術持續帶領電腦科技的演進。目前x86個人電腦市場佔有率，唯Intel獨領風騷，約80.5%。曾經有一些CPU廠商想力克Intel，最後還是失敗，只有AMD能與其相抗衡競爭。

2008年底Intel開始陸續推出新的CPU架構LGA1366、LGA1156，至2011年又推出LGA1155，使用Core i7/i5/i3 CPU，行之多年的LGA775已慢慢淡出市場。Intel CPU在外型上最大的變革是取消針腳的設計，取而代之的是一個個小小的接點，所以拿取新的Intel CPU會比較安心些，因為沒有密密麻麻的針腳，不擔心斷針的問題。

▶ Intel的企業標誌。

2-3-1 即將淡出市場的Intel Core 2系列

Intel於2006年推出Core 2系列，中文名為酷睿2，是取代Pentium系列為主流的CPU。

Core 2的產品線廣泛，涵蓋桌上型電腦與筆記型電腦，包括單核心的Core 2 Solo(僅筆記型電腦使用)、雙核心Core 2 Duo、四核心Core 2 Quad以及最高八核心的極致版Core 2 Extreme系列。製程方面，也從初期的65nm演進到現在的45nm。

Core 2系列的特色，在於多核心、大容量的L2快取記憶體、充足的指令集和多項功能，並強調耗電量比前一代Pentium系列還要低50%，當然Core 2系列的價格也比對手AMD CPU還要高一些。

Core 2 Duo系列型號以英文E為字頭，編號由低到高階為E4xxx~ E8xxx；而Core 2 Quad系列型號則以Q為字頭，標號為Q6xx~Q9xx，除了時脈上的不同，L2快取記憶體容量也有很大的差異，最高可達12MB(6MBx2)。

▶ Intel Core 2 Quad標誌。

2-3-2 號稱地表最強Core i7系列

2009年最熱門的話題莫過於Intel推出新的Core i7系列CPU，採用Intel 的Nehalem 架構，代號Bloomfield，規劃有LGA1366和LGA1156兩種插槽版本，產品以9xx為型號，2011年又推出代號Sandy Bridge，使用LGA1155版本，第一款以2600為型號。Core i7系列是目前Intel最高階等級的CPU。

▶ Core i7的標誌和CPU。

Core i7因為效能非常突出，Intel更號稱其為「地表上最強的處理器」，高階電腦玩家取其諧音為「愛妻」。目前製程演進到32nm，具有L3快取記憶體以及二或三通道記憶體。基本款就擁有四個實體核心，搭配HT技術可達8個執行緒(模擬8個核心)。

Core i7最大的特色，就是支援新的QPI匯流排，將記憶體控制器從北橋晶片移植到CPU中，因此，CPU和主記憶體間可以直接傳輸資料，中間不需要經過北橋晶片，對效能提升有非常大的幫助。

2-3-3 效能新星Core i5系列

Core i5和Core i7一樣，2009年至今已經推出多個版本，包括Intel Nehalem架構代號Lynnfiled，Westmere的Clarkdale以及2011年推出的Sandy Bridge架構。不過都是次於Core i7的中低階版本，初期型號以7xx為主，延伸至2500/2400/2300等系列型號。

Core i5有提供8MB/6MB和4MB三種L3快取記憶體容量，核心數量最多達實體四核心，很可惜它並不支援HT技術，且僅支援雙通道記憶體控制器，與Core i7可達三通道記憶體不同。在封裝上，Core i5有使用LGA1156和LGA1155兩種插槽版本。

Intel設定Core i5為普及新一代架構的主力產品，對於中高階的電腦玩家，應可以滿足大部分高運算的使用需求。

▶ Core i5的標誌和CPU。

2-3-4 入門級Pentium Dual Core系列

　　Pentium系列是Intel於2007年推出，初期以Pentium Dual Core取代Pentium D系列的入門款CPU，它是介於Core 2系列和Celeron之間等級的產品，而在2009年後則以Pentium名稱銷售。Pentium為LGA775架構，僅推出雙核心版本，為65nm製程，L2快取記憶體則依照等級配置1MB～2MB容量。與Core 2相比較，時脈配置較低、L2容量較少之外，也不支援VT、vPro和V，但是效能足夠應付大部分的電腦應用，包括文書處理、上網和IIV技術。如果覺得Celeron不足所需，又沒有太多預算，Pentium會是一個不錯的選擇。

▶ Pentium Dual Core的標誌和CPU。

2-3-5 低階的Celeron系列

　　針對低階電腦的市場，Intel都是以Celeron系列為主力，自2008年開始則進入雙核心架構的Celeron Dual Core系列，型號為E1xxx和E3xxx編號，一樣強調絕佳的經濟性，是性能比非常高的CPU。

▶ Celeron的標誌。

Celeron Dual Core為LGA775架構，雖然僅提供512KB～1MB容量的L2快取記憶體，並且使用FSB頻率為800MHz，但是效能足夠應付大部分的電腦應用，包括文書處理、上網和電腦遊戲等。所以在電腦市場上是個熱門的選擇。

❏ Intel Core系列CPU支援插座比較

CPU系列名稱	Core 2 Duo/Quad/Extreme	Core i5	Core i7
封裝	LGA775	LGA1156/LGA1155	LGA1366/LGA1156/LGA1155
CPU接點	775	1156/1155	1366/1156/1155
記憶體支援	DDR2/DDR3	DDR3	DDR3
CPU插座支援	Socket T	Socket H/H2	Socket B/H/H2

2-3-6 常見的Intel CPU技術名詞

❂ MMX指令集

MMX(Multi Media eXtension，多媒體擴展指令集)是Intel公司在1996 年推出的增強多媒體運算的指令集，共有57條指令。一般電腦在執行多媒體運算時，大都為文字、圖片、聲音等，MMX就可以提升這些資料的運算能力。

❂ SSE指令集

SSE(Streaming SIMD Extension)在電腦處理3D影像處理的機會越來越多，SSE就可以提升此部分的運算能力。

✪ SSE2指令集

SSE2(Streaming SIMD Extension 2)是針對CPU在當時流行的3D影像、高畫質圖像、音效、編解碼或諸多科學應用方面，提出更多的最佳化指令，讓運算能力再提升。

✪ SSE3指令集

SSE3(Streaming SIMD Extension 3)指令集，比起SSE2多了13道指令，針對網路多媒體應用所推出，並且將之前的SSE指令集做最佳化。

✪ SSE4.2指令集

SSE4.2是Intel最新推出的指令集，主要是提升Core i7/i5系列CPU對影像處理、視訊編碼和多媒體影音處理時有更好的表現。

✪ HT

HT(Hyper-Threading Technology)是Intel所提出，可以將一顆實體的CPU模擬成類似兩顆CPU在同時運作，可以大大的提升運算效能，其原理是將CPU的所有運算資源做最佳的調配。

✪ EIST

EIST(Enhanced Intel SpeedStep Technology)在CPU時脈越來越快，其電力的消耗和熱能的產生也越來越多，EIST就可以有效達到省電、降低熱能的功用，進而降低風扇轉速，降低噪音。此項功能是由筆記型電腦專用的CPU技術所轉移而來，不過，目前幾乎所有的Intel CPU都有內建此功能。(AMD類似功能為Cool'n'Quiet)

✪ VT

VT(Intel Virtualization Technology)是Intel推出的虛擬化技術，可以在一部電腦上，同時執行多個作業系統和應用程式，就像電腦擁有多個虛擬系統的分身。商用電腦有較多的機會使用VT功能，所以在高階的CPU才內建此功能。(AMD類似功能為AMD-V)

❂ EM64T

EM64T(Extended Memory 64 Technology)是Intel的64位元x86-64架構，並可向下相容32位元軟體。EM64T將記憶體定址能力從2^{32}延展至2^{64}，因此，可以讓軟體使用更多的記憶體空間。目前市面上大部分的Intel CPU都已經具備這項功能，所以可以自由選擇安裝64和32位元的作業系統。(AMD類似功能為AMD64)

❂ XD Bit

XD Bit(Execute Disable Bit)是Intel的CPU防毒功能。會將記憶體分為資料儲存區和指令儲存區，指令不能儲存在資料儲存區，而資料不能存放在指令儲存區，因為大部分的電腦病毒會將具有攻擊指令的資料存在記憶體中，並自動執行攻擊電腦，具有XD Bit的CPU就可以防止電腦中毒的機會。(AMD類似功能為NX Bit)

自我評量

◎ 選擇題

( ) 1. CPU的核心晶片在形成之前,是在哪裡生成切下的?(A)PCB電路板 (B)晶圓 (C)電阻 (D)記憶體。

( ) 2. 下列最小的距離單位?(A)毫米 (B)奈米 (C)釐米 (D)微米。

( ) 3. 關於CPU的封裝,下列敘述何者有誤?(A)可保護CPU的核心晶片 (B)讓CPU核心晶片容易安裝在主機板 (C)成為正式產品的必經加工過程 (D)使用CPU前需先把封裝打開才可使用。

( ) 4. CPU的速度單位是?(A)km (B)Hz (C)nm (D)bit。

( ) 5. Intel的64位元技術名稱為?(A)EM64T (B)64BT (C)A64 (D)64Bit

( ) 6. 下列CPU的頻率計算式,何者是正確的?(A)內頻＝外頻×倍頻 (B)倍頻＝內頻×外頻 (C)外頻＝內頻×倍頻 (D)以上皆非。

( ) 7. 快取記憶體(Cache memory)中,最能兼顧技術、成本、效能的是?(A)L3 (B)L2 (C)L1 (D)L0

( ) 8. 下列哪個是Intel桌上型平價版CPU?(A)Core 2 Solo (B)Sempron (C)Celeron (D)Pentium Dual core。

( ) 9. 可以將2個CPU模擬成4個CPU的Intel技術是?(A)Intel SpeedStep (B)Hyper-Threading (C)HyperTransport (D)Intel Virtualization。

( ) 10. Intel的Core i5使用LGA1156封裝,必須接在什麼CPU插座上?(A)Socket B (B)Socket A (C)Socket T (D)Socket H。

( ) 11. 下列CPU專有名詞的英文何者拼寫有誤?(A)製程(Manufacture Process) (B)LGA(Land Grid Array) (C)FSB(Fount Side Bus) (D)工作電壓(Supply Voltage)。

( ) 12. 對於工作站的敘述何者有誤？(A)它是一部專業領域的個人電腦 (B)依照專業工作而設計 (C)3D繪圖的工作站在娛樂遊戲方面效能也最強 (D)英文為Workstation。

( ) 13. Intel可以有效達到省電、降低熱能的功用的技術是？(A)Enhanced Intel SpeedStep Technology (B)Intel Virtualization (C)Hyper-Threading (D)Multi Media eXtension。

( ) 14. 對於伺服器的敘述何者有誤？(A)同時為很多人服務的電腦 (B)工作大都是專業的 (C)英文為Server (D)上網時所看到的網頁內容，是檔案伺服器所提供的。

( ) 15. 下列Intel CPU的等級比較，屬於第二高的是？(A)Core 2 Quad (B)Core i5 (C)Core i7 (D)Core 2 Duo。

( ) 16. 下列哪個AMD系列CPU插座是941針腳位？(A)Socket AM3 (B)Socket AM2 (C)Socket AM2+ (D)Socket A。

( ) 17. 下列哪個是AMD的平價版CPU？(A)Athlon64 (B)Sempron (C)Athlon II (D)Phenom。

( ) 18. Intel的Core 2 Extreme CPU使用的插槽是？(A)Socket B (B) Socket H (C)Socket T (D)Socket 775。

( ) 19. AMD CPU中哪個是只有45nm製程？(A)Athlon64 X2 (B)Phenom II (C)Phenom X3 (D)Sempron。

( ) 20. 下列何者不是AMD的指令集？(A)3DNow! (B)Enhanced 3DNow! (C)3DNow!Professional (D)以上皆非。

( ) 21. 下列何者不曾在Intel CPU產品出現過？(A)XD Bit (B)VT (C)SSE (D)SSE4a。

◎ 問答題

1. 請簡單說明以下CPU指令集或功能的意義？

A. EM64T

B. VT

C. NX Bit

D.EIST

2. 請簡單解釋以下名詞的意義?

A.CPU的封裝

B.CPU的製程

C.CPU的指令集

D.前端系統匯流排

3. 使用多核心CPU要符合哪兩個條件才可以順利運作?

N.O.T.E

CHAPTER 03

主機板

主機板(Motherboard或Mainboard)意為母板、主板，若比喻CPU是人的大腦，那主機板就是人的五臟六腑和骨幹，除了自身提供的功能，也負責連接電腦各零組件與周邊設備的工作。

主機板的尺寸比一張A4紙張稍大一些，是由許許多多的電子元件與複雜的電子電路所組合而成，只要有一條電路、一個電子元件損壞，就無法正常傳遞電子訊號，小則電腦頻頻當機、不穩定，大則無法開機。

3-1 主機板的外觀與元件

　　在組裝電腦前，一定要瞭解主機板上各個元件和功能，組裝才會順利。雖然主機板上有複雜的插槽和連接埠，只要透過我們分類後一一解說，應該就很容易瞭解。

1.PCI擴充槽	2.IEEE1394擴充接針	3.機殼面板音效接針
4.數位音效接針	5.軟碟機排線插座	6.USB擴充接針
7.前面板訊號接針	8.SATA連接埠	9.南橋晶片
10.IDE排線插槽	11.24pin主機板電源插座	12.記憶體模組插槽
13.CPU插座	14.4pin 12V主機板電源插座	15.北橋晶片
16.I/O背板連接埠	17.PCI-E x16顯示卡插槽	18.PCI-E X1擴充槽
19.CMOS電池	20.CPU供電相位電容區	21.晶片組散熱片(散熱管)

3-2 主機板的普遍規格ATX與Micro-ATX

雖然市面上的主機板有許多廠牌和等級,但是外觀長相卻都差不多。原因是主機板廠商都有遵照標準規格來生產,而ATX、BTX、Micro-ATX與ITX就是主機板的規格,其中,ATX最為普遍,其次是Micro-ATX;而BTX是新的規格尚未普及,ITX則為迷你電腦所使用。

▶ Micro-ATX的主機板。

1995年Intel公司制訂了ATX(Advanced Technology eXpanding)主機板規格,明訂主機板的尺寸305×244mm,並且將連接埠位置、電壓和功能等也一一規範,可以提升電腦組裝的便利性、增強電腦散熱能力。使用者只要購買符合ATX標準規格的電源供應器和電腦機殼,就能夠順利安裝一部電腦。

至於符合Micro-ATX規格的主機板,因為減少了2-3支擴充介面插槽,尺寸比ATX小一些,為244×244mm,主要是因應電腦迷你化,減少桌面空間所設計。目前主機板廠商也視Micro-ATX為主力產品規格,所以市場上的產品選擇性相當多。

因為ATX與Micro-ATX的尺寸差異,因此,支援ATX的機殼可以裝入ATX與Micro-ATX的主機板,但是Micro-ATX的機殼不能裝入ATX的主機板,選購時要特別注意。

▶ ATX和MicroATX的尺寸差異。

✪ 新的主機板規格BTX與Mini-ITX

BTX規格於2004年底推出,修正許多ATX佈局的缺點,試圖取代ATX成為主流的地位。BTX標準尺寸為325.12×266.7mm,並延伸兩個更小的尺寸MicroBTX及PicoBTX,電腦廠商可以開發體積更迷你的電腦。

BTX還有一項優勢,就是有較佳的散熱考量,採用直線式佈局,把CPU、晶片組和介面卡插槽重新排列,讓機殼的散熱裝置可依序將廢熱排出,大幅增加散熱效率。可是目前採用BTX規格的電腦產品價格都較貴,市場接受度不是很高,所以還是ATX的天下。

　　Mini-ITX是威盛電子公司(VIA Technologies)所推出的主機板規格，尺寸為170×170mm，相容ATX或Micro-ATX的機殼。以往都用在工業電腦的Mini-ITX已經悄悄進入家用電腦市場，主要原因是可以開發出體積非常小的電腦，但缺點是擴充性較差。

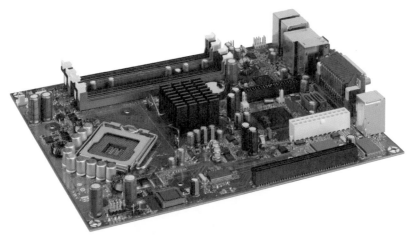

▶ BTX的散熱設計佳，可以依序將CPU、記憶體和介面卡的熱能排出，圖為 PicoBTX主機板。(圖片來源：Intel網站)

▶ Mini-ITX的尺寸非常迷你，可以開發體積非常小的電腦。

3-3 系統晶片組

系統晶片組(Chipset)是一組被安裝在主機板上的核心晶片，負責主機板的訊號轉換(各零組件間的溝通)、輸出入控制與提供各項功能，晶片組的優劣會影響到整部電腦的功能與效能，和CPU、主記憶體等零組件也有新舊相容性的問題，因此，在晶片組種類繁多的狀況下，選購主機板也要注意使用的晶片組為何，並且瞭解它所提供的規格，否則很容易購買錯誤而浪費金錢。

晶片組基本上為二顆一組，一為北橋(North Bridge)，一為南橋(South Bridge)，有些晶片組的公司會將南北橋的功能濃縮在一顆晶片中，以降低生產成本。

▶ 系統晶片組大都是兩顆一組(圖片來源：Intel網站)。

3-3-1 北橋晶片

北橋晶片名稱的由來，是晶片通常配置在主機板的上方位置，緊鄰CPU插座，負責CPU、主記憶體、顯示卡等高速傳輸控制，並與南橋相連接，屬於重要的核心運算區。

　　傳統的北橋晶片內建記憶體控制器，會根據CPU的需求存取記憶體中的資料，再透過FSB將資料傳到CPU中處理。近年，電腦有了革新設計，記憶體控制器被移植到CPU中，讓CPU直接對主記憶體存取，不再繞道北橋晶片，使得北橋晶片的重要性不如以往。

　　有些北橋晶片會內建繪圖處理器，直接提供顯示功能，為使用者省下一筆顯示卡的費用，是經濟的選擇。不過內建的繪圖處理器在3D影像處理效能不如獨立顯示卡來得好，許多遊戲玩家會另外安裝獨立顯示卡，此時北橋晶片若偵測到主機板有安裝獨立顯示卡，內建的繪圖處理器就會自動關閉。

　　北橋晶片的規格設計通常與CPU、記憶體和顯示卡規格相關連，例如：Intel P67晶片組僅支援LGA1155腳位的Intel Core i7、i5和i3系列CPU以及DDR3規格的記憶體，否則會有不相容的狀況，這是在組裝電腦時必須要注意的。

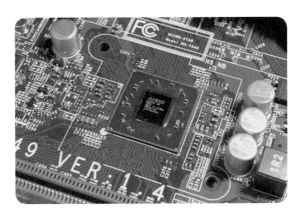

▶ 北橋晶片通常跟著CPU一起演進。

3-3-2 南橋晶片

　　南橋晶片則是負責連接擴充介面(PCI、PCI-Ex1、PCI-Ex4)、PS/2埠(滑鼠鍵盤)、儲存連接介面(IDE、SATA)、USB2.0連接埠、IEEE1394連接埠、音效以及網路功能等低速傳輸周邊控制。是電腦和周邊設備相互溝通的重要角色，所以電腦的擴充性強弱和南橋晶片有相當大的關係。

　　南橋晶片通常會跟許多不同的北橋晶片相搭配，例如：Intel的ICH10R南橋晶片就分別和X58、P45、P43等北橋晶片為一組。

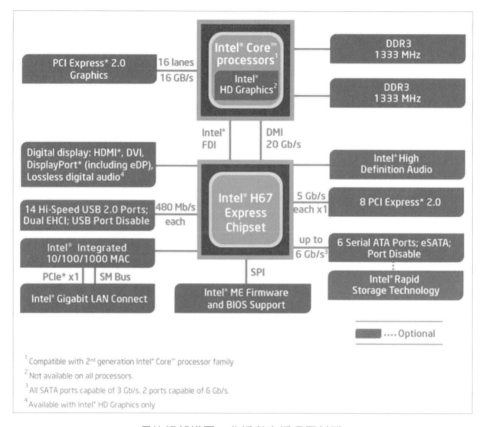

▶ 晶片組架構圖，北橋與南橋各司其職。

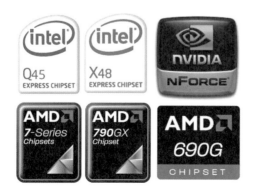

▶ 各式晶片組的LOGO。廠商會把晶片組的型號做成小圖樣，很容易在主機板盒子上看到。

3-4 主機板各部位說明

3-4-1 CPU插座

即主機板上固定CPU的專用插座。透過晶片組所支援的CPU類型，主機板就會提供專屬的CPU插座。從表格中列出了目前市面上常見的CPU與對應的插座：

❏ CPU插座支援的CPU類型

CPU廠商	插座名稱	針腳封裝	支援CPU類型
AMD	Socket AM2+	940	Pherom、Athlon64 X2、Semprom
	Socket AM3	941	Pherom II、Athlon II、Semprom
Intel	Socket T	LGA775	Core 2 Duo/Quad/Extreme、Pentium Dual Core、Celeron
	Socket B	LGA1366	Core i7-9xx
	Socket H	LGA1156	Core i7-8xx、i5-7xx/6xx、i3-5xx
	Socket H2	LGA1155	Core i7、i5、i3(Sandy Bridge)

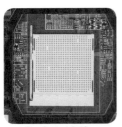
Socket AM2+

Socket AM3

Socket B

Socket T

Socket H

Socket H2

3-4-2 記憶體插槽

　　就是安裝記憶體所使用的專用插槽，兩側有固定卡榫，可以固定記憶體模組，目前最普遍的是DDR2與DDR3記憶體插槽類型。雖然兩者的接腳數量相同，都為240pin，但防呆設計的位置有所差異，避免不適合的記憶體混插而故障，若不是專家還真不容易分辨。依照主機板等級高低，配置雙通道(Dual Channel)有二到八條不等，支援三通道(Triple Channel)記憶體則有六條。若要確認記憶體插槽規格，最好是察看主機板的外盒包裝或說明書。

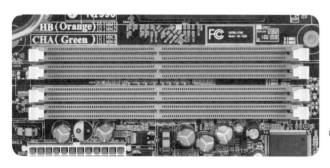

▶ 已經逐漸淡出市場的DDR2插槽。

▶ 新的AMD AM3架構與Intel P67、X58、P55、P45等系列的高階主機板，都是提供DDR3記憶體插槽。

◀)) 知識補充　記憶體插槽怎有兩種顏色？

支援雙通道或三通道記憶體的主機板，為了要讓使用者能正確安裝記憶體，會將記憶體插槽設計不同的顏色。兩支記憶體需插在「相同顏色」的記憶體插槽，才可以正確開啓雙通道功能，否則只會以單通道運行。(有少部分主機板廠商是規定需插在「不相同顏色」，可以參照使用手冊，或者開機顯示Single Channel(單通道)，就關機將記憶體改插即可)不過，記憶體最好是使用相同廠牌、規格及容量，才可以穩定使用。

▶ 雙通道記憶體插入方式。

3-4-3 儲存裝置插座群

主機板幾乎都有提供硬碟、軟碟機、光碟機等儲存裝置的專用排線插座。我們分述如下：

✪ IDE儲存裝置插座

專供IDE介面的硬碟機與光碟機安裝的排線插座，插座有40根針腳。每張主機板上最多提供有2個IDE插座，而每個插座透過排線可以安裝2台儲存裝置，但是目前SATA插座已成為市場主流，很多主機板上的IDE插座已經減少為1個，甚至取消不提供。

為了避免安裝錯誤，插座中間會留有缺口(防呆設計)，並且缺少一根針腳。(IDE、ATA等名詞，我們在稍後的硬碟機章節中有詳細說明。)

▶ IDE插座具有40pin。

✪ SATA2儲存裝置插座

SATA(Serial ATA)是磁碟機連接介面，與IDE一樣可以連接硬碟機與光碟機，只是SATA改良了許多IDE的缺點，包括加快傳輸速度和支援熱插拔，目前已成功取代IDE介面成為主流插座。

SATA採用點對點連接的方式，即一個SATA插座只能連接一臺儲存裝置。目前SATA主流為第二代SATA2，傳輸速率為300MB/sec，未來可能會推出SATA3，速率可達600MB/sec。要使用SATA介面，必須要購買SATA規格的磁碟機，雖然新舊世代的SATA彼此相容，但是要發揮最大的傳輸效能，必須要相同世代相接才可以。

▶ SATA連接埠相當小，不過一個連接埠僅能接一個儲存裝置。

▶ SATA排線與IDE比較起來，細了不少。

✪ 軟碟機插座

主機板上都會提供1個軟碟機插座，透過排線最多可同時安裝2部軟碟機。軟碟機插座為34針腳設計，為了避免連接錯誤(防呆設計)，插座中間會留有缺口，並且少一根針腳。

▶ 軟碟機專用插座。

3-4-4 顯示卡插槽PCI-Express×16

3D顯示卡身負龐大的3D運算工作,因此比其他擴充介面卡還需要更大的頻寬,因此顯示卡需要使用專用的插槽規格。

目前市場常見的是PCI-Express×16 V2.0插槽,是PCI-Express規格中的一種,1.X版本具備單向4GB/s、雙向8GB/s的高頻寬;2.0版本為單向8GB/s、雙向為16GB/s。

在某些高階的主機板上,會看到有兩條PCI-Express×16插槽,意即支援3D顯示卡串接技術(NVIDIA SLI技術與ATI CrossFire技術),可以同時插入兩張相同的顯示卡,甚至三張顯示卡,讓3D顯示效能倍增。

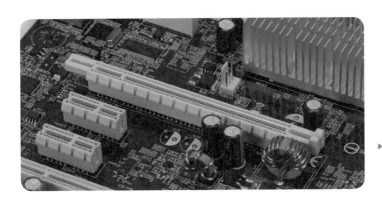

▶ 位居主流的PCI-Express×16顯示卡插槽。

📢知識補充 電腦擴充介面PCI Express

PCI Express(簡稱為 PCIe或PCI-E),是主機板匯流排的一種,由Intel 公司所研發推出,帶著強大優勢「高傳輸頻寬」,意要解決電腦中日漸龐大的頻寬傳輸需求,取代過去AGP與PCI擴充插槽規格。PCI Express已經進展到2.0的規格,主要是將頻寬提升一倍,具有向下相容PCI Express 1.x。
PCI Express 2.0具有×1、×2、×4、×8、×16、×32等6種頻寬管線(Lane)設計,以×1為例,使用單通道每秒可傳輸500MB/s資料量,而雙通道則是1GB/s,而最高×32則分別為每秒16GB/s和32GB/s的傳輸量,因此可以徹底解決頻寬不足的問題。

在插槽外觀上，常見的有PCI Express×1、×4、×16，插槽長度都有不同，頻寬管線越多，長度越長。不過具有向下相容的特性，也就是說PCI Express×16可以插入PCI Express×1、×2、×4、×8、x16速度的介面卡，因此，PCI Express×16也不是顯示卡專用的插槽。

PCI Express × 16

PCI Express × 1

▶ 市場主流的PCI Express X 16和X 1插槽，擴充介面卡大都已改用此規格。

3-4-5 擴充卡插槽

✪ PCI插槽

　　PCI是最普遍的擴充槽規格，市面的擴充卡幾乎都是使用此規格，透過PCI擴充卡可以增加電腦的功能，例如：電視卡、數據卡、監視視訊卡等。主機板基本上都會提供1到6個PCI插槽。

　　PCI匯流排介面是Peripheral Component Interface簡寫，工作頻率為33 MHz，有32Bits和64Bits兩種(個人電腦大都為32Bits；伺服器、工作站為64Bits。32Bits的PCI插槽為124接腳，64Bits的PCI為188接腳)，頻寬為133MB/s。

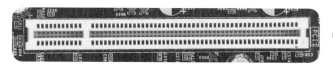

▶ 已經逐漸退出市場的PCI插槽。

✪ PCI-Express×1插槽

PCI-Express×1也是PCI-Express規格中的一種,新的2.0版本具備單向500MB/s、雙向1GB/s的頻寬,比舊有的PCI插槽高出不少,逐漸取代PCI插槽的主流地位。因應支援PCI-E×1的擴充卡逐漸增加,主機板上的PCI插槽數量也逐漸減少,PCI-E×1插槽則會越來越多。

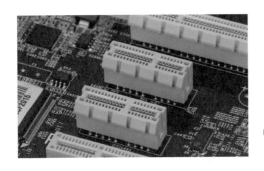

▶ PCI-Express×1插槽已逐漸取代PCI為未來主流。

3-4-6 風扇電源插座

電腦的CPU、晶片組都需要風扇散熱,風扇電力來源則是主機板上的風扇插頭。風扇電源插頭提供有CPU風扇、系統機殼風扇和北橋晶片風扇。風扇電源插頭有三針式與四針式,除了電源正負兩極,還提供轉速監控、溫度監控等功能針腳。不過,四針式的風扇插座也相容三針式的插頭。

▶ 三針為最傳統的風扇針腳,提供轉速控制。

▶ 四針為新式風扇針腳,多了溫度監控功能。

3-4-7 I/O背板連接埠

I/O背板連接埠群是電腦與外部周邊設備連接的插座集合。透過這些連接埠,可以連接鍵盤、滑鼠、喇叭、網路視訊攝影機、網際網路等。

▶ I/O背板集合各種連接埠。

✪ PS/2(Personal System 2)

連接鍵盤與滑鼠的專用連接埠。主機板都會提供2個,紫色是連接鍵盤,綠色是連接滑鼠,不能混插。目前因為USB的普遍,很多主機板都支援USB介面的鍵盤滑鼠,不再使用PS/2連線。

✪ 並列埠(LPT Port)

並列埠(Line Printer Terminal Port)又稱為平行埠(Parallel Port),插頭有25Pin,以往大都是用來連接印表機,其次是掃描器,所以又俗稱印表機埠(Print Port),因為現在印表機都採用USB介面了,所以有些主機板都不提供並列埠了。

✪ 序列埠(Serial Port)

序列埠又稱COM Port(Communications Port)或RS-232通訊埠，插頭有9Pin，可以點對點連接電腦、數據機、紅外線、PDA同步座等周邊設備，不過目前ADSL網路已經很普遍，用不著數據機，而其他周邊設備都改採USB介面，因此許多主機板都看不見序列埠了。

✪ 顯示器連接埠(VGA Port)

有些主機板內建繪圖顯示晶片，具備顯示功能，因此，提供外接顯示器的連接埠，主要連接埠有類比式D-Sub、數位式DVI和最新的HDMI連接埠。(此部分在顯示卡章節中有詳細的說明)

✪ USB埠(Universal Serial Bus)

中文為「通用序列匯流排」，具有便利的隨插即用功能，為電腦周邊裝置最普遍採用的連接埠，舉凡印表機、攝影機、讀卡機等各式各樣周邊，都可以使用USB埠來連接。目前以第二代USB 2.0為主流，而新一代USB3.0也已經上市，取代USB 2.0的規格。USB 2.0的傳輸效能可達每秒480Mbps(60MB/s)，USB 3.0為4.8Gbps(600MB/s)，支援向下相容USB 1.1的周邊設備。

▶ 從USB 2.0版本開始即嚴格執行認證制度，確保每個產品都有高速、穩定的傳輸效能，因此產品上市前都要送去認證，才可以在包裝貼上USB 2.0標誌，購買時要認明才有保障。

▶ 新的USB3.0傳輸速度比USB2.0提升十倍，採購新的外接硬碟機和主機板時，可以考慮具備USB3.0規格的產品。

▶ 為了能夠辨識支援USB3.0規格，主機板上的連接埠和傳輸線的連接頭顏色都採用藍色，非常容易辨識。

☐ USB1.1、2.0、3.0的速率比較

速率	USB 1.1	USB2.0	USB3.0
Low Speed(1.5Mbps)	支援	支援	支援
Full Speed(12Mbps)	支援	支援	支援
High Speed(480Mbps)	不支援	支援	支援
Super High Speed(4.8Gbps)	不支援	不支援	支援

✪ eSATA(External Serial ATA)

中文為「外接儲存裝置連接埠」，是專為外接儲存設備所設計的連接埠，優點是高速傳輸、方便連接和熱插拔。eSATA連接埠與主機板上的SATA連接埠形狀不同，需要使用eSATA專用的連接線，最大長度為2公尺，傳輸速率為300MB/sec，與SATA2相同。

▶ eSATA連接外接硬碟，提供高速傳輸300MB/sec。

✪ IEEE 1394/IEEE 1394b

IEEE1394又稱為FireWire，是類似USB的一種資料匯流排連接埠，也支援隨插即用功能，傳輸效能為400Mbps/s，大約為50MB/s。不過在周邊裝置的支援性沒有USB來得普遍，大都被用在數位攝影機(DV)、外接磁碟機等。而IEEE1394b則是新的IEEE 1394規格，傳輸效率提升為800Mbps/s(100MB/s)。

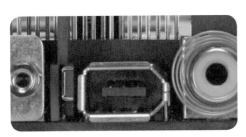

▶ 1394連接埠。

▶ 1394連接線6pin樣式,含有電源。

▶ 1394連接線4pin樣式。

▶ 1394b的9pin連接埠。

▶ 1394b連接線9pin樣式。

✪ 網路埠RJ-45

透過網路埠,可以連接區域網路讓電腦與電腦相互傳送資料;連接ADSL數據機則可以遨遊網際網路。連接埠上有兩個燈號,橘色為ACT/LINK連線狀態指示燈,綠色為SPEED連線速度指示燈。

▶ 不可缺少的網路埠RJ-45。

✪ 音效輸出入埠

透過音訊輸出入埠，可以連接喇叭、耳機，將電腦產生的音樂、音效的聲音播放出來。此外，也可以將外部的聲音，如麥克風、音響、電視、隨身聽的音訊輸入到電腦裡。

基本上，電腦都會提供3個3.5mm的連接埠，如喇叭、音訊輸入與麥克風，如果電腦提供多聲道音訊，如5.1聲道、7.1聲道，音訊連接埠就會高達6個，甚至提供光纖輸出入埠。

▶ 基本型音訊輸出入埠。　　▶ 具備5.1/7.1聲道的音訊輸出入埠。

3-4-8 連接埠擴充插座針腳

I/O背板連接埠的空間有限，不能將所有的連接埠都整合在一起，因此，多的連接埠和使用機會少的連接埠移到擴充檔板上。所以可以看到主機板上有一些如USB、IEEE1394、序列埠、SPDIF(數位音效連接埠)等連接埠擴充插座針腳，提供擴充檔板連接。

▶ USB擴充檔板。　　▶ 連接埠擴充插座針腳。

3-4-9 主機板電源插座

　　「電源插座」是電源供應器藉此提供主機板所需要的電力。目前主機板的電源插座有兩個，一為標準ATX電源插座(主要供應整片主機板所需電力)，另一為+12V電源插座(主要供應CPU的電力)。早期的ATX電源插座都是使用20pin的插座樣式，而現在因應主機板逐漸增加的電力需求，已改為24pin插座樣式。+12V電源插座目前有8pin和4pin兩種規格，高階等級的主機板都使用前者，中低階的主機板都是採用後者。

　　此外，有些主機板也另外提供了顯示卡專用電力插座，提供顯示卡較穩定的電量，採用大4pin的電源插座。

▶ 20pin與新的24pin電源插頭。

▶ 8pin和大4pin電源插座。

▶ 4pin型插座。

3-4-10 機殼前方面板訊號針腳

　　將「機殼前方面板訊號針腳」連接到機殼面板訊號線,可以提供電源開關、重置按鍵、電源指示燈和硬碟動作指示燈等功能,讓使用者可以輕鬆的開關電腦和獲知電腦狀態。一般在主機板的角落,可以看到針腳群,底部具有數種辨識色,就是「機殼前方面板訊號針腳」,連接時要非常小心,否則指示燈會不亮、按鍵沒有作用。

▶ 連接機殼的面板訊號的接針,機殼面板電源燈、硬碟指示燈、開關按鈕等功能。

3-4-11 BIOS

　　BIOS(Basic Input Output System)是電腦裡最基礎的小型程式,當開啟電腦後,它就要系統自我檢查與初始化、備妥基本輸出入功能和開機程序等工作。在主機板上不難發現BIOS,它是個ROM晶片。

▶ 控制電腦基本輸出入的BIOS晶片。

3-4-12 CMOS與專用電池

　　CMOS是一個儲存資料的小型RAM，它是用來儲存BIOS的設定資訊，例如日期、時間、開機密碼、磁碟機訊息和設定等等，不過，因為它需要電力來維持記憶能力，所以在主機板上可看見一個圓形的水銀鋰電池，可讓它牢牢記住資料。如果將電池取下，就會讓CMOS記憶的設定消失，回復原廠預設的設定值。

▶ CMOS電池，用於維持CMOS記憶的鈕釦水銀鋰電池。

🔊 **知識補充**　　什麼是整合型主機板？

在早期，一張主機板的功能非常單純，組裝電腦時必須要另外購買顯示卡、音效卡和網路卡來安裝。而「整合型主機板」則是將顯示卡、音效卡和網路卡都整合到主機板上，消費者只要安裝CPU、RAM和硬碟，就可將電腦組裝完成，除了有容易組裝的優點，還能達到省電的效果。

整合型主機板大多數都是使用Micro-ATX的尺寸，主要也是因為免插擴充卡的特性，特別適合安裝在體積小巧的機殼裡，以節省電腦擺放的空間。

挑選整合型主機板其實很簡單，除了觀察I/O背板連接埠中是否有視訊輸出埠(D-Sub、DVI或HDMI)，也可以查詢主機板系統晶片組的型號，是否有提供顯示晶片，一般具有顯示晶片的系統晶片組所生產出來的主機板，都是整合型主機板。

▶ 內建顯示、音效和網路功能的主機板都稱為「整合型主機板」，圖為微星的H67M系列主機板。

電腦組裝 **DIY** 全能王

自 我 評 量

◎ 選擇題

(　　) 1. DDR3接腳數量是多少？(A)240pin (B)184pin (C)200pin (D)220pin。

(　　) 2. 主機板上的記憶體插槽有兩個顏色的原因，何者為非？(A)單通道記憶體 (B)美觀用途 (C)容易辨識 (D)雙通道記憶體。

(　　) 3. 下列敘述何者有誤？(A)南橋晶片掌管儲存連接介面 (B)南橋與北橋晶片各司其職，彼此沒有相連 (C)BTX是比ATX還新的架構 (D)SATA2和IDE連接埠其實並不相容。

(　　) 4. 何者非擴充卡的插槽？(A)PCI-E X16 (B)PCI (C)PCI-E X1 (D)IDE。

(　　) 5. USB3.0的最快速率是？(A)480Gbps (B)5.2Gbps (C)800Mbps (D) 4.8Gbps。

(　　) 6. 主機板的I/O背板連接埠中，何者不曾出現過？(A)PS/2 (B)IEEE1394 (C)SATA (D)USB埠。

(　　) 7. 下列敘述何者有誤？(A)記憶體模組使用防呆缺口，可以辨別記憶體類型 (B)MicroATX雖然是小尺寸規格，但是擴充性和ATX一樣好 (C)有些北橋晶片會內建繪圖晶片 (D)DDR2與DDR3的記憶體的針腳數相同。

(　　) 8. ATX的標準尺寸是：(A)244×244mm (B)305×244mm (C)335×204mm (D)244×244mm。

(　　) 9. 關於擴充槽的敘述何者有誤？(A)PCI-E x16可以連接PCI-E X1介面卡 (B)PCI與PCI-E X4是不相同的 (C)PCI的傳輸速率還是比PCI-E X1還要快 (D)PCI接腳有124支。

(　　) 10. 下列何者用於CPU的電源輸入插座？(A)8pin +12V (B)6pin +12V (C)D型插座 (D)24 Pin電源插座。

(　　) 11. 關於連接儲存裝置的敘述何者有誤？(A)IDE排線僅能連接兩台 IDE裝置 (B)SATAI、SATAII插座是可以共用的 (C)IDE和軟碟機插座接針是相同數量的 (D)SATA連接埠不會供應電源。

(　　) 12. SATA的特色不包括下列哪一項？(A)SATA支援熱插拔 (B)SATA要使用15pin專用電源 (C)SATA傳輸速度快 (D)SATA使用20pin的排線。

◎ 問答題

1. 請寫出圖中標示的插槽和連接埠名稱？

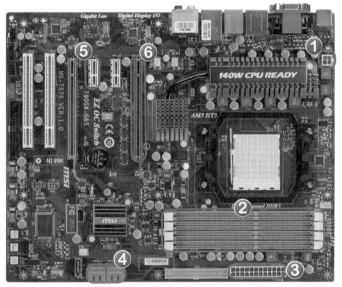

❶ _____

❷ _____

❸ _____

❹ _____

❺ _____

❻ _____

N . O . T . E

CHAPTER 04
系統記憶體-RAM

記憶體在電腦中是個關鍵角色,當它品質不良、不穩定,小則電腦當機、停止工作,大則電腦整個停擺;而且它的容量大小與效能表現,也是決定系統整體效能快慢的關鍵。

電腦中的記憶體(Memory)有「唯讀記憶體」以及本篇所要討論的「隨機存取記憶體」。RAM它為市場中一種獨立商品,可被消費者選擇、購買與自行安裝,就是我們組裝電腦時最常接觸到的記憶體類型。

4-1 記憶體的概念

記憶體(Computer memory)可以暫時儲存資料，以提供電腦在運算時所需，它是使用半導體晶片所製成。記憶體大致分成兩類，有唯讀記憶體(ROM)與隨機存取記憶體(RAM)。

4-1-1 唯讀記憶體ROM

早期的唯讀記憶體是將資料寫入晶片後，就不能進行修改和刪除，關閉電源也不會使資料消失。

記憶體科技不斷演進，ROM也發展出多種類型應用在不同地方，例如PROM(Programmable ROM)、EPROM(Erasable Programmable ROM)和EEPROM(Electrically-Erasable Programmable ROM)等，其中EEPROM可以利用特殊的軟體或工具來更新資料，一般也稱為韌體(Firmware)，最顯著的例子是應用在BIOS(Basic Input/Output System)，儲存電腦的硬體資訊和程式。

▶ BIOS晶片就是一個EEPROM唯讀記憶體。

4-1-2 隨機存取記憶體RAM

　　隨機存取記憶體是可以隨時進行寫入和讀取資料的晶片，而且速度很快，但是如果切斷電源，記憶體晶片中的資料就會同時消失。作為CPU和硬碟之間的資料緩衝最為恰當，可以快速提供CPU運算時所需要的各種程式和資料。

　　隨機存取記憶體依照電子設計和功能特性的差異，又分有「靜態隨機存取記憶體(Static Random Access Memory，SRAM)」與「動態隨機存取記憶體(Dynamic Random Access Memory，DRAM)」兩種。前者存取快、低功率、成本高，所以應用在CPU的快取記憶體上；後者則是容量大、價格便宜，則應用在電腦的系統記憶體上。兩者相互搭配，則可以有效將電腦效能提升。

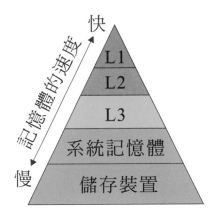

▶ CPU對快取記憶體、系統記憶體與硬碟的速度關係L1－L2－L3－RAM－儲存裝置。

　　動態隨機存取記憶體DRAM又分有SDRAM、DDR SDRAM兩種(延伸DDR2/DDR3)，分別說明如下：

✪ SDRAM

　　SDRAM(Synchronous DRAM)是現今DDR SDRAM系列的前一代記憶體，模組的針腳數為168pin，依照時脈定有PC100、PC133等規格，後面的數字就是代表頻率100MHz和133MHz。

　　SDRAM記憶體在運作時，僅能在頻率週期的「上波段」才能傳輸資料，也就是說一個單位時間只能進行一次讀或寫，效能與現在DDR SDRAM比較起來算是遜色很多，當然在市場上已經淘汰多年不用。

✪ DDR SDRAM

　　DDR SDRAM(Double Data Rate SDRAM)中文為「雙倍速資料同步動態隨機存取記憶體」，所謂「雙倍速」，就是在一個頻率週期的「上波段」與「下波段」中，都能做傳送資料的動作，也就是一個單位時間中可以完成讀和寫，速度比SDRAM記憶體多「兩倍速率」，所以DDR SDRAM的產品標示都是SDRAM時脈乘以二，如DDR266、DDR333和DDR400等，模組採用184pin。目前DDR SDRAM也已退出市場，被後來延伸出的DDR2/DDR3 SDRAM所取代。

▶ 已經失去市場的DDR記憶體。

✪ DDR2 SDRAM

　　DDR2 SDRAM記憶體模組採用240pin，比舊的DDR記憶體又多了兩倍速率，在頻率週期的「上波段」與「下波段」間，又再增加兩個能夠傳送資料的時機，因此，DDR2的速度更快，傳輸頻率倍增四倍到最高1066MHz，再加上記憶體晶片的製程進步，使單條記憶體模組容量達到4GB。

　　此外，使用更低的電壓1.8V，讓電腦的耗電量更低、更省電。2009年底主機板廠商開始主推支援DDR3 SDRAM記憶體，DDR2 SDRAM已逐漸式微，預計不久也將退出市場。

▶ 逐漸退出市場的DDR2記憶體。

❂ 邁向主流的DDR3 SDRAM

新的DDR3 SDRAM將頻率最高可擴展到八倍速，降低運作電壓到1.5V，並改進與新增DDR2許多細部設計，使其更省電、傳輸速度更快。此外，將單條最大容量提升至16GB以上，可以應付電腦更多的運算需求。

DDR3 SDRAM記憶體與DDR2 SDRAM一樣都是採用240pin，為了防止混用，將防呆位置做了更動。市面上的DDR3 SDRAM規格產品從DDR3-800～DDR3-2133等等，目前最經濟實惠的是DDR3-1333，超頻使用則會購買到DDR3-1600或DDR3-2000的規格。

▶ 將為市場主流的DDR3記憶體。

4-2 瞭解系統記憶體的外觀

從店家買回的記憶體，只要貨源正常，都會有一個盒子保護起來。不管早期的記憶體還是目前新型規格的記憶體，長相都是一條長長的方形，所以單位為「條」、「支」，整支的記憶體正式說法為「記憶體模組」，上面有一顆一顆黑黑的記憶體晶片，以及一長排金色的接點(金手指)。

▶ 有品牌的記憶體都會使用完整包裝。

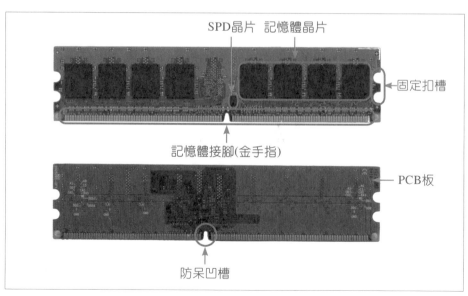

▶ 記憶體是集合許多記憶體顆粒而成，所以又稱為「記憶體模組」。

✪ 規格貼紙

記憶體上方都會有小小一張規格說明的貼紙，可以讓消費者知道它的廠牌、型號、等級和容量。標示解釋如下：

品牌	型號規格	PC頻寬編號	檢索時脈週期數
Apacer	DDR2 533	PC4300	CL4

✪ 記憶體晶片

記憶體晶片，俗稱「記憶體顆粒」，晶片上會有製造廠商的商標和晶片編號。不過要注意的是，記憶體晶片的製造廠商，常會與記憶體模組的廠牌不同，這是正常的現象。

✪ PCB板

有時記憶體顆粒會貼滿記憶體的兩面。不過有些僅有單面，因此另一面就會看見整片的電路板。

✪ 記憶體接腳

與主機板上的記憶體插槽相連接的接點，單位為pin，俗稱「金手指」。不同規格的記憶體pin腳數目會有不同，如DDR規格為184pin，新的DDR2和DDR3規格為240pin。

✪ 防呆凹槽

為了避免使用者將記憶體插反，導致燒毀，因此設計了「防呆凹槽」，如果方向錯誤就無法插入記憶體插槽。

✪ SPD(Serial Presence Detect)

在記憶體模組上都會有一個SPD唯讀晶片，工作是記載此記憶體模組的配置資料，如廠牌、容量、時脈、CL、電壓等。若主機板BIOS中的記憶體設定選項設定為「By SPD」，則可以快速抓取和快速設定記憶體，可以避免人為設定錯誤導致電腦開機失敗。

知識補充　散熱片

部分的記憶體模組有使用鋁製或銅製散熱片包覆，雖然具有良好的散熱功能，不過如果不是狂熱電腦玩家有超頻使用，一般記憶體是不需要散熱片即可正常使用，而且價格會比較貴。

▶ 有散熱片記憶體。

4-3　記憶體裝在哪裡？

從主機板上一看，可以很明顯的看到一條一條的記憶體插槽，兩旁有白色的卡榫。一般大部分主機板都提供2～6條，高階版本的主機板更提供到8條之多。有些CPU支援「雙通道、三通道記憶體」(稍後有詳細說明)，或支援兩種世代的記憶體模組，所以記憶體插槽都會使用不同顏色來區分。

▶ 主機板一般都提供2～6條記憶體插槽。

4-4 記憶體的特性、規格與技術

在大致瞭解記憶體的概念、類型與外觀之後，以下我們整理出一些重要的記憶體特性說明：

✪ 記憶體的容量

記憶體的容量大小會影響電腦的執行速度，容量越大，能儲存的資料越多，CPU抓取的速度也越快，所以容量是多多益善的。目前要能夠順暢執行最新的Microsoft Windows 7作業系統和應用軟體，最少需要1～2GB記憶體容量，這也是僅供基本瀏覽網際網路、文書處理、電腦遊戲和初、中級影像處理的電腦應用；如果要使用複雜的影片剪輯、繪圖軟體、進階影像處理、3D遊戲，則需要最少4GB以上的容量才可以順暢執行。

✪ 記憶體的速度

記憶體是使用「ns，奈秒，$1ns = 10^{-9}s$」為單位計算存取速度，而其他裝置的儲存裝置如硬碟，是使用「ms，毫秒，$1ms=10^{-3}s$」為單位，所以可以瞭解它相當快吧，是僅次於CPU的執行速度。

✪ 斷電後系統記憶體資料隨即消失

記憶體要「記住」資料和指令，是需要用電力來維持「記性」。一旦斷了電，裡面的資料也隨之消失永不復返。所以使用電腦做文書處理、剪輯影片等時，忽略了存檔的動作，一旦停電或關機，不用半秒鐘，記憶體內的資料就會消失殆盡。

✪ 記憶體的工作頻率與頻寬

記憶體模組的包裝上，常標明DDR2-800、DDR2-1066、DDR3-1333或PC2-6400、PC2-8500、PC3-8500等規格。前者DDR2-xxxx的數字，表示記憶體的「工作頻率」，PC2-xxxx的數字部分則為記憶體的「工作頻寬」。

　　工作頻率是指記憶體與CPU資料交換的速度；工作頻寬是記憶體每秒可以處理、提供的資料量。兩者可以透過數學公式來互換，工作頻寬越大，工作頻率就越高，效能也越好，是有相互的關係。

> 記憶體工作頻寬 ＝ 記憶體匯流排寬度 × 記憶體工作頻率
>
> 如：
>
> PC2-6400(6400MB/s)＝ 8(bytes) × (800MHz)
>
> PC2-8600(8600MB/s)＝ 8(bytes) × (1066MHz)
>
> (目前記憶體的匯流排寬度皆為64bits＝8 bytes)

　　不過，一般組裝電腦是不需要用到這些計算，只要透過對照表，就可以選擇到想要的記憶體模組。

✪ 記憶體的CL值

　　CL是CAS Latency(Column Access Strobe，列位址控制器)的簡寫，是指記憶體收到CPU要求資料的命令，到檢索出資料所延遲的時脈週期。如CL2記憶體模組需要2個延遲時脈週期，因此，CL數值越小越好，不過價格也越貴。DDR2類型的記憶體在CL3.5～4之間皆優，DDR3為CL3.5～4。

✪ 雙通道、三通道記憶體

　　所謂雙通道、三通道，顧名思義就是在CPU到記憶體模組之間，有二和三條資料匯流排通道合併傳輸，讓效能倍增2～3倍，可解決頻寬不足的問題，這並不是記憶體模組所提供的功能，而是系統晶片組所提供的。不過，雙通道和三通道記憶體必須要分別同時插上兩條和三條記憶體模組，才可以啟動雙通道或三通道的真正實力。

▶ 三通道記憶體插槽。

✪ 雙面記憶體模組比單面的好

市場上有些記憶體模組是單面有顆粒的，也有雙面有顆粒的。一般建議選擇購買雙面的記憶體模組。因為經過一些電腦媒體和玩家的經驗，雙面的模組會比單面的效能稍微好一些，尤其在DDR2/3的類型。此外，未來會有一些記憶體加速的技術，都是適用於雙面記憶體模組。

✪ ECC記憶體模組

ECC(Error Correction Code)是自動偵測記憶體存取的資料發生錯誤，會自動修正問題，並且確保電腦系統正常運作。ECC記憶體模組是提供給伺服器、高階電腦使用，一般個人電腦並不需要ECC記憶體模組，況且主機板還需要支援ECC記憶體模組，才可以正常使用。

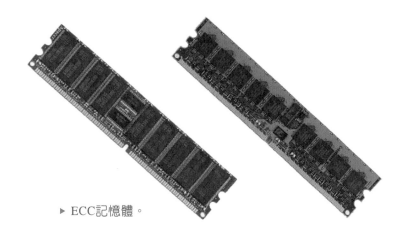

▶ ECC記憶體。

◎ 選擇題

( ) 1. 對DDR3記憶體的敘述，何者有誤？(A)英文為Double Data Rate 3 (B)DDR3僅支援三通道使用 (C)新一代的DDR SDRAM (D)最高有1600MHz等多種時脈。

( ) 2. DDR2和DDR3的比較，何者是正確的？(A)兩者共用插槽 (B)兩者電壓都是2.5V (C)DDR3最新但是價格比DDR2貴很多 (D)存取速度都是使用奈秒(ns)為單位。

( ) 3. 下列何者非DDR2的規格敘述？(A)目前最高工作頻率可達1066MHz (B)CL值為CL3.5～4 (C)電壓為1.8V (D)不支援雙通道記憶體。

( ) 4. 比較記憶體存取速度，下列哪一個最快？(A)L1快取記憶體 (B)L2快取記憶體 (C)主記憶體 (D)輔助記憶體。

( ) 5. 關於記憶體的敘述，何者有誤？(A)DRAM有分有SDRAM和DDR SDRAM兩種 (B)L2是第二條主記憶體 (C)DDR3的接腳有240支 (D)DDR比SDRAM還要快。

( ) 6. 以下敘述何者有誤？(A)系統記憶體在關機之後，資料就會消失 (B)DDR2和DDR3的規格不同，但是可共用插槽 (C)L2 Cache快取記憶體內含在CPU中 (D)DDR記憶體的CL值越小，代表記憶體的效能越快。

( ) 7. 關於記憶體的種類，敘述何者錯誤？(A)將資料寫入唯讀記憶體後，就不能修改和刪除 (B)EEPROM可以利用特殊的軟體或工具來更新資料 (C)隨機存取記憶體是斷電後資料依然存在 (D)DRAM又分有SDRAM、DDR SDRAM兩種。

◎ 問答題

1. 請簡單敘述SPD(Serial Presence Detect)的功能是什麼？

2. 請問記憶體模組中的CL值代表的意義是？

N.O.T.E

CHAPTER 05
硬碟機

硬碟機(Hard Disk Drives)是電腦的資料倉儲中心，包含作業系統、應用軟體和文件資料等等都是存在這個硬盒子裡。硬碟機比起軟碟機，它具有大容量、快速資料存取、容量成本低等優點。

5-1 認識硬碟機的外觀

　　硬碟機顧名思義就是裡頭是一片片圓形的金屬磁盤(Platter)，由存取臂(Access Arm)帶著讀寫頭(Read/Write Head)在轉動的磁盤上移動讀寫資料，它的儲存密度非常高，所以可以存放大量的程式資料和檔案文件。硬碟需要用一條排線連接主機板，並且由電源供應器提供電力，才可以正常運作。

　　在作業系統裡，可以看到代號C:、D: ……等英文字母，就是代表磁碟機的所在位置，一般稱為「槽」，如C槽、D槽，所以使用者可以把資料指定存放在哪個硬碟槽裡，或在哪個槽裡取出資料。

碟片
讀寫頭
讀寫臂
馬達軸承
啟動軸

▶ 硬碟機內是一片片金屬碟盤，上頭有讀寫頭讀寫資料。

◀)) 知識補充　使用硬碟機時要注意的事

硬碟機的讀寫頭在磁盤上讀寫資料時，其實並沒有直接接觸到磁盤，兩者之間保持極近的距離，所以當硬碟機在工作運轉時，切勿搬移、敲打電腦和硬碟機，否則會讓讀寫頭和磁盤相互摸擦產生刮痕，磁盤上的資料就會毀損，嚴重時硬碟可能會故障，使用時必須要小心。

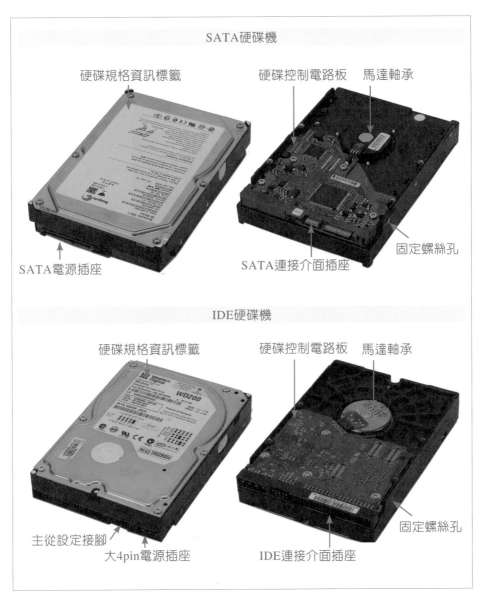

SATA硬碟機

硬碟規格資訊標籤　　　硬碟控制電路板　馬達軸承

固定螺絲孔

SATA電源插座　　　　SATA連接介面插座

IDE硬碟機

硬碟規格資訊標籤　　　硬碟控制電路板　馬達軸承

固定螺絲孔

主從設定接腳

大4pin電源插座　　　　IDE連接介面插座

▶ SATA、IDE硬碟機的外型。

◎ 硬碟機規格資訊標籤

標籤標示該硬碟機的廠牌、型號、磁碟容量、緩衝記憶體容量、出廠日期、主從設定說明和更詳細的硬碟技術資訊，一般在購買時只要注意廠牌、型號、磁碟容量、緩衝記憶體容量即可。

▶ 透過硬碟機規格資訊標籤可辨識硬碟機的廠牌、產地、型號、硬碟容量和硬碟轉速等重要資訊。

◎ 連接介面插座

目前硬碟常見的有IDE與SATA兩種連接介面規格。透過排線，可以連接主機板上IDE或SATA排線插座，才可以接收電腦命令執行存取動作與傳輸資料。

◎ 電源插座

與電源供應器的電源插頭連接後，可以提供硬碟足夠的電力運作。目前有IDE大4pin與SATA兩種電源插座規格。

◎ 固定螺絲孔

硬碟內的碟盤會旋轉，即會產生震動，必須要靠螺絲孔來固定於機殼上。

✪ 主從設定針腳

在主機板的章節中有提到，1條IDE排線可以安裝2台儲存裝置。因此必須要先將一台硬碟機設定為Master，另一台硬碟機設定為Slave，電腦才知道那兩台硬碟機的先後順序，就知道要到哪一台磁碟上存取資料。而SATA介面的硬碟機是一對一連接，因此沒有主從設定針腳。

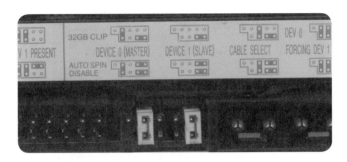

▶ IDE硬碟才有的「主從設定針腳」。

✪ 硬碟控制電路板

位於硬碟底部的電路板，具有許多電子零件，負責硬碟碟片轉速、讀寫頭動作、訊號轉換、緩衝記憶體等硬碟控制。

▶ 硬碟背面為控制電路板，組裝時要特別小心。

◀)) 知識補充 3.5吋與2.5吋硬碟機

一般桌上型電腦都是使用3.5吋的硬碟機，也就是本章所討論的規格。而筆記型電腦上，因為空間狹小，所以使用體積較小的2.5吋硬碟機。外觀上很容易辨識出尺寸的差異。在規格上，2.5吋的硬碟在容量、轉速上會比3.5吋的硬碟要差一些，但是價格卻比3.5吋的貴。

2.5吋　　　　　　　　　3.5吋

▶ 2.5吋和3.5吋硬碟機，尺寸差異很大。

❏ 2.5吋與3.5吋硬碟比較表

硬碟類型	主要用途	轉速	容量	價格
2.5吋硬碟	筆記型電腦、隨身硬碟	4200～7200轉	160GB～500GB	較貴
3.5吋硬碟	桌上型電腦、伺服器等	7200～15000轉	320B～1TB以上	較平實

✪ 固態硬碟機

固態硬碟機(Solid State Disk，SSD)是由記憶卡所延伸的儲存媒體，由許多大容量的快閃記憶體晶片(Flash Memory)組合而成，裡面沒有磁碟、存取臂和馬達，因此與傳統硬碟相比，具有高速存取、耐震、省電、低產熱量和無噪音等優點，放在裡面的資料也安全得多。

連接介面採用和傳統硬碟機相同的SATA介面，所以可以用在任何具有SATA連接埠的電腦上，目前已有少量的筆記型電腦、行動裝置等移動性設備使用，而許多電腦玩家也用於提升電腦存取效能。

不過，固態硬碟機的價格昂貴，是其普及市場的致命傷，也是推出後遲遲一直沒有取代傳統硬碟機的主要原因。

▶ 固態硬碟機的價格高是普及市場的致命傷(圖片來源：Apacer網站)。

5-2 硬碟機的連接介面

目前家用市場常見的硬碟機連接介面有IDE(Parallel ATA)和SATA(Serial ATA)兩種。

IDE已經稱霸電腦市場許多年，自從SATA介面推出之後，因傳輸效能較好，IDE的氣勢已逐年衰減，直至2009年，SATA在市場上的主流態勢已經形成，新上市的硬碟機都採用SATA介面，而IDE介面的硬碟機已不容易買到。

不過，硬碟機的使用壽命很長，許多舊電腦中的IDE介面硬碟機還是老當益壯，所以還是有必要認識一下舊的IDE介面。

5-2-1 IDE介面

IDE(Integrated Drive Electronics，IDE)一般又稱為ATA(AT Attachment)、Parallel ATA、Ultra ATA和Ultra DMA等。IDE的傳輸速率從Ultra ATA/66、Ultra ATA/100演進至Ultra ATA/133，即每秒最高可達133MB的速率，不過，這也是IDE在傳輸速率上的發展極限。

▶ IDE介面插座，採用40pin設計。

　　IDE介面的插座都是40pin針腳，但是專用的排線有40芯和80芯兩種規格。從外觀看起來，80芯的排線較密，是專為Ultra ATA/100和ATA/133的高傳輸所設計，適合連接硬碟；而40芯則較疏，只支援Ultra ATA/66等低傳輸速率，所以較適合連接IDE光碟機。每一條IDE排線可以連接2部磁碟機，所以有三個插頭，兩側的一端插入主機板，另兩端則可連接磁碟機，較麻煩的是，硬碟都必須要使用Jumper設定主從硬碟才可以正常使用。

□ IDE傳輸速率表

規格	傳輸速率(秒)
Ultra ATA 66	66MB/秒
Ultra ATA 100	100MB/秒
Ultra ATA 133	133MB/秒

5-2-2 SATA介面

　　2002年推出的SATA，英文為Serial ATA，為序列傳輸技術，可突破IDE介面的速率極限，取代為市場主流規格。

　　目前已經演進到第二代SATA2，而新的第三代SATA3也在2009年推出。

▶ IDE與SATA硬碟機外觀比較。IDE與SATA的硬碟機差不多，僅有連接插座和電源插座部分有差異。

　　SATA對於IDE來說有許多改良，包括傳輸速率的提升、節省空間(使用較細的排線)、穩定的傳輸品質、支援熱插拔(開機時安裝與移除硬碟)、簡易安裝和免用跳線設定主從(Jumper)等。SATA的傳輸可達150MB/s，第二代SATA2可達到300MB/s，而第三代SATA3則高達600MB/s。

　　SATA的排線比起IDE還要細得多，而且採用一對一的安裝，所以在安裝上相當方便，一端插入主機板的SATA插座，一端插入SATA磁碟機即可。

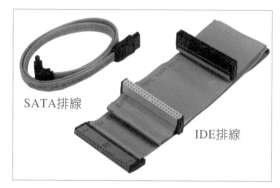

▶ IDE與SATA的排線，SATA明顯較細。

▶ IDE與SATA的電源插頭也有所不同。

SATA也有提供一種特殊的eSATA(External SATA)連接介面，使用者可以從電腦機殼外面輕鬆連接高速的儲存裝置，享受高速的傳輸效率。

▶ eSATA介面插座。

◻ SATA與IDE規格與比較表

	IDE(ATA)	SATA	SATA2	SATA3
傳輸效率	100或133MB/s (ATA100/ATA133)	150MB/s	300MB/s	600MB/s
接腳	40pin/80pin	7pin		
連接方式	最多1對2，需主從設定	1對1，無需主從設定		
排線長度	46公分	100公分		
熱插拔	不可	可		
上市時間	1989年	2002年	2004年	2009年

5-3 硬碟機的規格與技術

✪ 馬達轉速

是指硬碟機中的磁盤每分鐘旋轉的圈數或旋轉速度。單位是 RPM(Rotations Per Minute)。硬碟機最普遍的轉速規格是7200RPM，高階的硬碟可達10000RPM～15000RPM不等。轉速越快，代表硬碟機尋找資料的速度越快、效能越好，當然價格也越高。

高速硬碟機的缺點是容易產生高溫和較大的噪音，如果沒有用在伺服器和高負荷多工處理等電腦應用，使用7200RPM的硬碟機就很夠用了。

✪ 儲存容量

即硬碟機可以裝入的資料容量，單位為GB(Gigabyte)，未來有可能以TB(Terabyte)為計算單位，如160GB、500GB和1TB等硬碟機標示。容量越大越好，當然價格也越貴。不過要注意的是，硬碟廠商在標示硬碟容量時，是用1GB＝1000MB來計算，而將硬碟機裝入電腦後，電腦是以1GB＝1024MB來計算，所以會發現購買的容量怎麼在電腦中會少一些，並不是被偷工減料。

▶ 實際使用的容量一定會比標示還要少一些。

✪ 緩衝記憶體

緩衝記憶體(Buffer)，別稱為Cache Buffer或Cache Memory，中文又可稱為快取記憶體，是一片內建在硬碟中的記憶體晶片，地位介於電腦核心與硬碟機之間。

電腦運算處理的速度比硬碟還要快，緩衝記憶體就可以降低彼此間的速度差異，減少彼此等待的時間，緩衝記憶體可以把電腦要存入的資料快速暫存起來，再陸續寫入硬碟，或者將電腦需要的資料先在緩衝記憶體中備妥，再讓電腦一次提走，如此運作就可以提升電腦整體效能。

中低階的硬碟機都採用8MB的緩衝記憶體，中高階的硬碟機會內建16MB或32MB，當然緩衝記憶體越大，效能越好，價格也會水漲船高喔。

▶ 在硬碟控制電路板上，可以看見緩衝記憶體。　▶ 硬碟外盒都會標明緩衝記憶體大小。

✪ 平均搜尋時間

平均搜尋時間(Average Seek Time)是指硬碟機的讀寫頭移動到資料存放的磁軌所要花費的時間，再加以平均的值，計算單位為「毫秒(ms)」。平均搜尋時間越短，代表硬碟機的效能越好，越快找到所需要的資料。

✪ 平均延遲時間

平均延遲時間(Average Latency)是指硬碟機的讀寫頭到達資料磁軌後，到達目標資料區所需要的時間，通常和硬碟轉速有密切關係，也以「毫秒(ms)」為計算單位，延遲時間越短，代表硬碟效能越好。

✪ 馬達軸承

硬碟機有磁盤需要馬達驅動旋轉，好的馬達軸承能夠讓磁盤轉得平順，增加使用壽命。馬達軸承有滾珠、液態和陶瓷三種類型。

滾珠軸承會帶來噪音、高溫、壽命短等缺點；液態軸承則是改進滾珠軸承的缺點，是目前最多硬碟機採用的軸承設計。而陶瓷軸承是最新的軸承設計，有耐磨壽命長、沒有熱漲問題，但是因為成本高，使用還不普遍。

▶ 馬達軸承的好壞，會影響到硬碟機的壽命。

✪ 抗震性

硬碟機中有磁盤高速旋轉，抗震性就要非常好，否則一些細微的震動可能會影響磁盤上的資料。抗震性以G為單位，目前許多硬碟機已有1000G以上的抗震能力。

自我評量

◎ 選擇題

(　　) 1. 對SATA介面的敘述，何者有誤？(A)目前已研發到第三代 (B)比IDE介面還要快速 (C)一條排線可以同時連接三台硬碟機 (D)排線長度可達100公分。

(　　) 2. 對於IDE介面的敘述，何者有誤？(A)一條排線可以連接兩台硬碟機 (B)排線最長可達100公分 (C)插頭採用40pin接腳 (D)又稱為ATA。

(　　) 3. SATA2和SATA的比較，何者有誤？(A)SATA的傳輸速度可達150MB/s、SATA2可達到300MB/s (B)SATA2才開始支援熱插拔 (C)都不用設定主從關係 (D)彼此可相互相容。

(　　) 4. 對於硬碟機的敘述，何者有誤？(A)硬碟機容量越大，速度越慢 (B)硬碟機的緩衝記憶體容量會影響存取效能 (C)馬達轉速越快存取資料越快 (D)平均搜尋時間越短越好。

(　　) 5. 固態硬碟是使用何種媒介來記錄資料？(A)磁盤 (B)隨機存取記憶體 (C)快閃記憶體 (D)磁鐵石。

(　　) 6. 購買硬碟機時，以下哪個並非選擇重點？(A)儲存容量 (B)緩衝記憶體容量 (C)軸承類型 (D)以上皆非。

(　　) 7. 關於硬碟機的馬達軸承的敘述，何者是正確的？(A)滾珠軸承是最新的技術，最為平順安靜 (B)陶瓷軸承雖然安靜，但有壽命短的缺點 (C)液態軸承是目前最多硬碟機使用的軸承 (D)以上皆錯。

(　　) 8. 關於硬碟機的敘述，何者有誤？(A)IDE介面又稱ATA、PATA、Ultra ATA或UDMA (B)硬碟廠商的標示容量方式和電腦計算方式不同 (C)平均搜尋時間越短，代表硬碟機的效能越差 (D)以上皆非。

N.O.T.E

CHAPTER 06
顯示卡

顯示卡在電腦中的重要性不低於CPU和記憶體。目前的顯示卡可表現豐富的色彩、細緻的圖形和幾可亂真的3D場景畫面，滿足人們對電腦各式各樣的視覺需求，無論看影片、相片、繪製3D圖形或玩3D電腦遊戲。所以要享受電腦帶來的視覺樂趣，就需要一張適合的顯示卡。本篇將會帶你進入顯示卡的炫麗國度，透徹顯示卡每個規格，進而選擇一張好的顯示卡。

6-1 認識顯示卡

3D顯示卡目前有兩種提供方式,一種是內建在主機板晶片組中,直接提供顯示功能;另一種是獨立插卡在主機板的顯示卡擴充插槽上。

6-1-1 內建顯示功能

在北橋晶片組中整合了3D繪圖晶片,可以從主機板上直接提供顯示功能,無須另外購買獨立顯示卡,可以從主機板後方的連接埠發現,有D-Sub、DVI或HDMI視訊連接埠。

內建顯示功能在3D效能的表現並不會太好,不過還是能應付2D與低階的3D電腦遊戲。如果沒有熱衷太過複雜的3D電腦遊戲,平常僅有影像處理、文書處理與上網工作,內建顯示功能就非常足夠了。

內建顯示都是借用電腦的主記憶體作為顯示記憶體,有時開機會看到記憶體中少了128MB記憶體,就是這個原因。

只要看一下主機板或電腦主機後方的連接埠,有D-Sub、DVI和HDMI視訊插座的任何一種,就是有提供內建顯示功能。

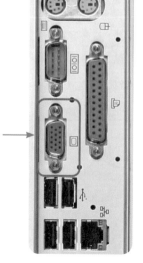

▶ 內建顯示卡的主機板。

◀)) 知識補充

有內建顯示功能的整合型主機板,也會提供顯示卡擴充插槽,以後如果覺得3D顯示效能不夠,也可以另外購買顯示卡安裝。

6-1-2 獨立顯示卡

　　獨立顯示卡是安裝在主機板的PCI-E×16插槽上。分有3D專業繪圖卡與娛樂用的3D顯示卡兩種類型。當然也跟許多產品一樣,每個類型有不同的效能等級,價格自然也有高低不同。

▶ 插卡式的獨立顯示卡,可以提供超強的3D效能(圖片來源:msi網站)。

☆ 3D專業繪圖卡

　　專業用的顯示卡,一般稱為「3D專業繪圖卡」,是提供給3D影像繪圖、3D遊戲開發、建築設計圖、電影特效製作等商業用途。這些用途都需要相當複雜的3D運算,因此,使用的繪圖晶片、記憶體等級都比娛樂用的顯示卡高出許多,並且都有經過專業調教,所以價格也相當昂貴,從數萬元到十幾萬元都有。

▶ 3D專業繪圖卡的外觀看起來和一般的3D顯示卡差不多,但內在晶片設計大不同(圖片來源:NVIDIA網站)。

✪ 3D顯示卡

娛樂用的顯示卡,一般稱為「3D顯示卡」,就是一般個人電腦中使用的顯示卡。規格與功能設計都朝向3D遊戲、中低階的3D繪圖與影像等應用方向,所以與市售軟體都有很好的相容性。因為是供應大眾市場,所以因應許多不同的使用者與玩家需求,有低階到高階等級之分,而且推陳出新相當快,當然根據款式新舊、效能強弱等之分,價格也有很大的差異,一般在數千元到數萬元不等,不過在價格五千元左右就能夠提供很棒的效能了。

▶ 有了3D顯示卡,就能在逼真的立體場景進行遊戲。

◀)) 知識補充　3D專業繪圖卡和3D顯示卡,哪個比較好?

在3D專業繪圖卡或3D顯示卡上處理一般文書、影像編輯等2D使用環境,兩者的效能表現幾乎沒有任何差異。能影響2D環境應用時的效能,反而是由CPU強弱和RAM的多寡來決定。

在3D影像處理方面,雖然3D專業繪圖卡與3D顯示卡都擅長3D畫面的運算,不過需要各自用在它們擅長的領域,否則效能反而低落。3D專業繪圖卡是針對各種專業級3D繪圖軟體和製圖軟體所設計,並且具備最佳化設定,在此領域的效能表現相當優異,比起一般3D顯示卡猶如天壤之別。

不過,別以為拿3D專業繪圖卡來進行3D遊戲等多媒體應用,會得到有極佳的效能表現,其實不然。因為缺少了3D遊戲所需要的功能設計與最佳化,所以一般使用者使用3D顯示卡就相當足夠,而且3D顯示卡也可以應付簡單的3D繪圖需求。

6-2 瞭解**3D**顯示卡的外觀

從3D顯示卡的外觀開始,再一步一步認識顯示卡的各種名詞。

散熱風扇(包含散熱導管、散熱片)

插槽接腳(金手指,目前有PCI-E或AGP兩種排列規格)

DVI連接埠、HDMI連接埠、D-Sub連接埠(VGA連接埠)

SLI或CrossFire多顯示卡橋接插座

顯示卡電源插座

顯示晶片(GPU)

顯示卡專用記憶體

▶ 3D顯示卡外觀。

✪ DVI連接埠

DVI(Digital Visual Interface)中文為「數位視訊介面」。是採用數位訊號直接連接具有DVI連接埠的電腦螢幕。好處是不用經過類比轉換，就可直接顯示在螢幕，而且可以不需要自行設定畫面解析度，螢幕會自動依據訊號做最佳化，畫質比起D-Sub類比式(VGA連接埠)要好很多。

◀)) 知識補充　DVI的接頭

DVI為了有更好的連接相容性，希望使用一條訊號線就可以連接各種電腦螢幕，設計了三種不同的接頭類型，有DVI-I(類比與數位訊號)、DVI-D(數位訊號)和DVI-A(類比訊號)。而DVI-I和DVI-D又依據顯示卡的高畫質功能，各提供Dual-Link和Single Link兩種類型連接螢幕，前者可提供最高解析度3840×2400畫素，後者為1920×1200畫素。此外，DVI-A和DVI-I可以透過轉接頭轉換為D-Sub接頭型式，讓類比式螢幕也可以顯示畫面。

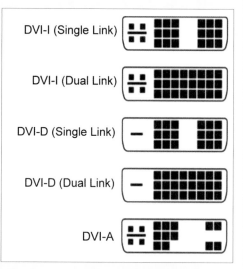

▶ DVI-I、DVI-D和DVI-A的各種接頭樣式。

▶ 有些顯示卡只有DVI接頭，如果電腦螢幕不支援DVI，就需要接頭轉換。

◀)) 知識補充 **DVI轉D-Sub轉接頭**

數位DVI接頭都可以透過轉接頭轉換成為類比
的D-Sub，如果獨立顯示卡是採用兩個DVI輸
出的話，不要擔心，在包裝中就會附上一個轉
接頭，也可以輕鬆連接僅有D-Sub的顯示器。

▶ DVI轉D-Sub轉接頭。

✪ HDMI連接埠

　　HDMI(High Definition Multimedia Interface，高畫質多媒體介面)，
僅需要一條訊號線就可以傳輸全數位化的影像和聲音，是目前主流的多
媒體訊號連接線，也是最為方便的連接線，已有許多影音設備包含電
視、錄放影機、攝影機、音響、電視遊樂器等，都是採用此規格，最高
解析度可達1080p。連接埠支援19pin的Type A HDMI接頭。

　　此外，HDMI還可以透過轉接頭，向下相容連接電腦的DVI-D或
DVI-I的數位訊號畫面，可以輕鬆將電腦畫面輸出到具有HDMI的電視
機或螢幕。

▶ DVI轉HDMI輸出
　的轉接頭，可是
　僅有影像，沒有
　提供聲音訊號。

▶ HDMI的連接埠和連接線頭。

✪ TV-OUT連接埠

可以透過S端子將畫面輸出到電視機或錄影機，不過畫質比DVI、VGA連接埠連接電腦螢幕時還要差。如果顯示卡支援HDTV功能，則可以透過TV-OUT轉換色差端子的方式，輸出高畫質訊號到電視機。

✪ D-Sub連接埠

俗稱VGA連接埠，可以直接連接電腦螢幕，具有15根針腳，訊號是「類比式」(Analog)，是最傳統的連接方式。不過目前已逐漸被DVI(數位式)連接埠取代成市場主流地位。

✪ 散熱風扇(熱導管、散熱片)

供顯示卡的GPU晶片散熱之用，可以確保3D運算時可以正常運作。不過，有些顯示卡並沒有風扇，而是單純的使用散熱片或熱導管來散熱。

有時顯示卡的風扇不會轉動，別以為是故障，是現在顯示卡的風扇大都具備自動溫控功能，在GPU低負荷運作時，風扇會停止；待負荷量提升就會自動轉動散熱，以達到省電的效果。

✪ 插槽接腳(金手指)

用來連接主機板上顯示卡插槽的接腳，目前主流是PCI Express(簡稱PCI-E)連接介面。

✪ ATI CrossFire/NVIDIA SLI多顯示卡橋接插座

有部分顯示卡支援多顯示卡串接功能，可以增強更多的3D效能，多顯示卡橋接插座可以將相同的顯示卡串連起來，讓訊號可以相互傳輸。

✪ 顯示晶片(GPU)

顯示晶片(Graphics Processing Unit，GPU)中文為「圖形處理器」，是顯示卡上的運算核心，專為3D運算畫面所設計的晶片，也是顯示卡效能的強弱、價格高低的關鍵。目前顯示卡市場為ATI與NVIDIA兩間所瓜分，它們就是設計與生產顯示晶片的公司。

✪ 繪圖記憶體

繪圖記憶體(Graphics memory)是專為顯示卡所設計的記憶體，作為顯示資料的緩衝區，它的等級優劣、容量多寡也攸關顯示卡的整體效能。記憶體顆粒等級已經比系統記憶體還要好，從DDR2、DDR3到最新的DDR5都有，容量從256MB到2GB都有，當然等級越好、容量越大、效能越好，價格也越貴。

✪ 顯示卡電源插頭

一般主機板上的顯示卡插槽已可提供電力給顯示卡，但是顯示卡等級越來越高，3D運算能力越來越強，耗電量相對提高，許多中高階的顯示卡已經需要外接電源，才能確保GPU、記憶體的正常運作。目前顯示卡的電源插頭樣式已經統一，分別採用6pin或8pin，甚至頂級顯示卡具備16pin電源埠。基本上近期推出的大功率電源供應器都會提供此類插頭，而顯示卡的包裝中都會提供適合的電源轉接頭，購買時可稍做注意。

效能好的顯示卡因為耗電量大，也要注意電源供應器的功率是否足以提供。

6-3 顯示卡兩大主流品牌—AMD&NVIDIA

生產顯示卡的公司相當多,不過目前在市場上佔有率最高的,就是AMD(ATI)與NVIDIA這兩間公司的產品,堪稱兩大主流。AMD(ATI)的顯示卡產品系列為Radeon,NVIDIA為GeForce系列。

6-3-1 觸角全面的AMD

AMD(美商超微半導體)為CPU大廠,2006年收購專門設計生產3D顯示晶片和多媒體晶片的公司ATI(Array Technology Industry),成為AMD旗下顯示卡產品線的重要品牌,2010年左右,逐漸以自身品牌AMD行銷顯示卡市場,有讓ATI品牌淡出市場的意味。

AMD顯示卡產品等級廣泛,大到伺服器、個人電腦,小到掌上型電腦裡都有它的顯示晶片存在,其中影響市場最大的就是旗下的Radeon系列顯示晶片。

目前Radeon系列主流是「Radeon HD」系列產品線,型號數字越大,等級越高,當然價格也越高,消費者可以針對自己需求與預算購買適合的產品。

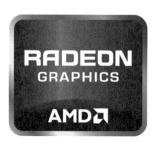

▶ AMD Radeon HD系列產品標誌。

▶ AMD的顯示卡系列產品。

6-3-2 顯示市場常勝軍NVIDIA

　　說到NVIDIA，它在顯示卡市場上已經稱霸多年，是足以左右市場趨勢的一間顯示卡晶片大廠，產品也涵蓋伺服器、工作站或個人電腦。旗下GeForce系列顯示卡，就是幫NVIDIA立下不少汗馬功勞的主力產品。

　　目前在市場銷售主流上，有GeForce 200/300/400/500等系列，其中再用GTX、GTS、GT和標準版搭配型號細分不同的等級，包含頂級、高階、中階到入門級，型號數字越大，產品也越高階。此外，市場上還有一些「GeForce 8系列」、「GeForce 9系列」的顯示卡產品，雖然都是前一代的舊款產品，但其價格低、效能佳，是最經濟的產品。

▶ NVIDIA的商標和GeForce
系列產品標誌。

▶ NVIDIA的顯示卡
系列產品。

6-4 顯示卡功能與技術

　　顯示卡是圖形畫面科技的結晶，如何能夠精彩呈現一個畫面，或功能強大都要靠許多技術來完成。

6-4-1 NVIDIA SLI多顯示卡串連技術

　　SLI(Scalable Link Interface，可擴充連結介面)，是NVIDIA所推出的多顯示卡串連技術，可以將兩張以上相同等級的顯示卡串接起來，每張顯示卡僅需運算畫面的一部分，效能比單張顯示卡還要快上許多。SLI技術已經推出多年，深受消費者喜愛，有逐漸普及的趨勢。

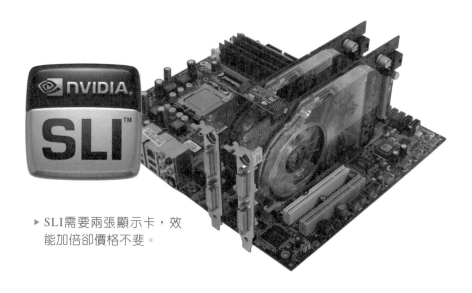

▶ SLI需要兩張顯示卡，效
　能加倍卻價格不斐。

6-4-2 CrossFire多顯示卡串連技術

　　ATI於2006年正式推出「CrossFire」多顯示卡串連技術，使用多張支援CrossFire的顯示卡相互串連，以畫面分工運算的方式，大幅增加3D運算效能。

　　第一代的CrossFire需要主卡和副卡相互搭配使用；第二代只要同等級、支援CrossFire的顯示卡即可使用。2007年CrossFire技術再次改良，增加顯示卡數量至四張(四個GPU)，並支援更多晶片組，改稱爲CrossFire X。

▶ ATI CrossFire X多顯示
　 卡串連技術，可支援4
　 個GPU相互串連。

6-4-3 多螢幕顯示功能

　　早期顯示卡僅能提供一個螢幕連接，而現在顯示卡都具備兩組螢幕連接埠，可以透過軟體連接兩台、甚至更多台螢幕。多螢幕顯示功能可以將原本的電腦畫面，分割成兩個或多個螢幕合併顯示；也可以每個螢幕顯示相同的畫面，應用上可以在繪圖、遊戲或多工處理，例如：在一個螢幕上顯示股市看盤軟體，另一個螢幕則進行文書處理。

▶ 雙DVI視訊輸出的顯示卡。

6-4-4 DirectX

　　DirectX是Microsoft Windows系列作業系統專用的多媒體程式介面，較重於電腦娛樂用途。符合DirectX開發的軟體(如電腦遊戲)可以輕鬆連結與運用電腦各種2D/3D繪圖處理、音效介面、遊戲搖桿、鍵盤、滑鼠等裝置的資源，發揮更好的執行效率，並大幅減少軟體開發的時程。目前顯示卡都已支援這項功能，只是有新舊版本的不同，2009年普遍為10.1的版本，最新則有推出支援DirectX 11的高階顯示卡。

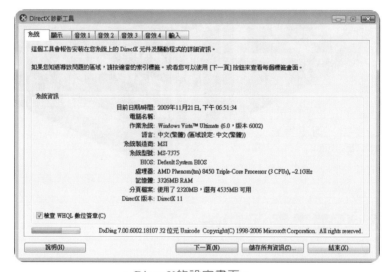

▶ DirectX的設定畫面。

6-4-5 OpenGL

　　OpenGL(Open Graphics Library)是3D繪圖處理程式介面，較重於專業繪圖開發領域。共有250道函數組合而成，可以讓設計者快速的建立各種工業製圖CAD、虛擬實境、科學原理視覺化和3D遊戲開發。目前顯示卡都已支援這項功能，2009年最普遍為OpenGL 2.1，而OpenGL 3.0也有即將推出的消息。

▶ OpenGL的標誌。

6-4-6 HDCP

HDCP(High-Bandwidth Digital Content Protection，高頻寬數位內容保護)是由Intel所主導的技術，能夠確保數位影像和聲音在經過DVI或HDMI介面傳遞時，不會被非法複製、拷貝。

當使用者要播放HDCP保護的內容時，播放器、影音器材和電視遊樂器等都必須要支援HDCP保護，才可以享受高畫質影像，否則會被降低畫質，甚至不能播放；而支援HDCP的器材也不能具備複製功能。

◀)) 知識補充 如何比較顯示卡效能優劣？

有很多人一定會問哪一間的產品比較好，其實兩間公司的產品，在技術與效能都實力相當，很難比較出誰優誰劣。不過，消費者可以透過GPU、顯示記憶體的規格比較之外，還可以透過顯示卡測試軟體的數據來判斷。最常見的是「3Dmark06」顯示卡測試軟體，透過許多不同的3D模擬場景，將畫面的流暢度換算成分數。當然要注意的是，3Dmark每一兩年都會推出新的版本，要以相同版本測試的結果來比較是最準確的。

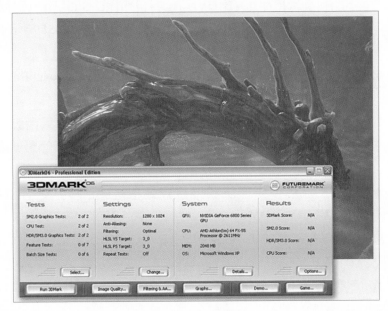

▶ 3dmark06軟體畫面。

自我評量

◎ 選擇題

( ) 1. 關於顯示卡的敘述,何者有誤?(A)獨立3D顯示卡都是插在PCI-E插槽 (B)顯示卡的記憶體英文為Video memory (C)顯示卡越高階,電源供應器功率也要足夠才行 (D)D-Sub接頭是類比式視訊接頭。

( ) 2. HDMI最高解析度可達到?(A)1080p (B)1080i (C)720p (D)1440。

( ) 3. 對於SLI(Scalable Link Interface)的敘述,何者有誤?(A)SLI是NVIDIA所推出的 (B)需透過橋接排線來串連 (C)是增強3D運算效能的功能 (D)3D顯示卡可以使用同品牌但不同等級的產品。

( ) 4. 下列何者不是數位訊號接頭?(A)HDMI (B)DVI-D (C)DVI-A (D)DVI-I。

( ) 5. 關於顯示卡的敘述,何者是正確的?(A)HDMI和DVI不相容,不能相互轉接使用 (B)DVI可以轉接類比D-Sub訊號 (C)3D專業繪圖卡的3D遊戲效能比高階3D顯示卡還要好 (D)3D顯示卡上的記憶體也可以被電腦系統借用,增加整體效能。

( ) 6. 下列哪個是ATI最新的多顯示卡串連技術?(A)CrossFire (B)SLI (C)SpeedLink (D)CrossFire X。

( ) 7. 關於DirectX的敘述,何者有誤?(A)針對專業繪圖所設計的程式介面 (B)能夠提升電腦多媒體執行效率 (C)2009年最新版本是DirectX 11 (D)可以減少軟體開發時程。

( ) 8. 目前主流的多媒體訊號連接線是指?(A)DVI-D (B)HDCP (C)DVI-I (D)HDMI。

( ) 9. 下列哪個不屬於DVI的接頭類型?(A)DVI-D (B)DVI-B (C)DVI-I (D)DVI-A。

( ) 10. 下列哪個不是視訊連接埠?(A)DVI-D (B)HDMI (C)D-Sub (D)HDCP。

CHAPTER 07

光碟機與軟碟機

光碟機已是電腦的標準配備,從安裝作業系統、驅動程式、應用軟體、電腦遊戲到播放電影、音樂等等,都是使用光碟片為媒介,都需要利用光碟機來讀取。而軟碟機,則是緊急開機、掃毒的重要磁碟機。

7-1 光碟機

　　光碟機已是電腦的標準配備，從安裝作業系統、驅動程式、應用軟體、電腦遊戲到播放電影、音樂等，都是使用光碟片為媒介，都需要利用光碟機來讀取。

　　光碟科技發展相當迅速，從早期的CD，到現在普及的DVD，再進展到新一代Blu-ray Disc(俗稱：藍光)格式，光碟片容量從650MB延伸到50GB，為多媒體影音和電腦資料儲存帶來更多的便利。

　　電腦使用的光碟機大致分有兩種，一為僅可「讀取」光碟片的「唯讀光碟機」，另一為可讀取與燒錄光碟(紀錄資料)的「燒錄機」。目前在市場上，除了Blu-ray Disc格式和DVD有唯讀光碟機產品之外，CD格式都已採用燒錄機產品的方式銷售。

7-1-1 光碟機的外觀

　　「唯讀光碟機」與「燒錄機」的外觀相同，形如一個長方形的鐵盒。唯讀光碟機大都具有「面板播放」功能，所以面板上有簡單的播放按鍵、音量調整鈕和3.5mm耳機連接埠，可以直接把音樂光碟片放到光碟機中，插入耳機就可以聽到音樂。

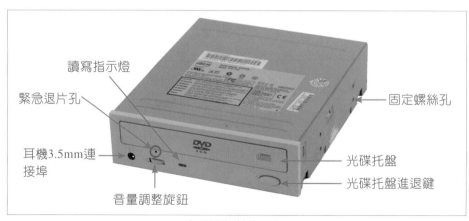

讀寫指示燈
緊急退片孔
固定螺絲孔
耳機3.5mm連接埠
光碟托盤
光碟托盤進退鍵
音量調整旋鈕

▶ 光碟機的前方面板。

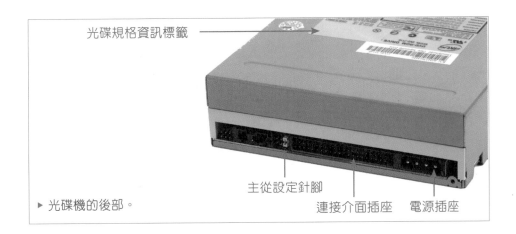

光碟規格資訊標籤

主從設定針腳

▶ 光碟機的後部。

連接介面插座　電源插座

　　燒錄器產品因為應用導向不同，加上大部分廠商認為面板播放功能使用者很少，所以逐漸捨棄了這樣功能，現在已經看不到具有面板播放的燒錄器了，燒錄器的面板就顯得相當簡潔。

◉ 光碟托盤：按下退出鍵，光碟機就會伸出光碟托盤，托盤即為放置欲讀取光碟的位置。

◉ 音量調整旋鈕：如果使用「面板播放」功能來播放音樂光碟，就需要使用「音量調整旋鈕」來調整音樂的音量。

◉ 讀寫指示燈：光碟若在讀取或寫入資料，此燈會亮起，直到結束為止。此外，若光碟機故障，有些廠牌的光碟機會透過此燈閃爍來告知故障。

◉ 耳機3.5mm連接埠：如果使用「面板播放」功能來播放音樂光碟，此連接埠可以連接喇叭或耳機。

◉ 光碟規格資訊標籤：標籤標示該光碟機的廠牌、型號、出廠日期、主從設定說明，一般在購買時只要注意廠牌、型號即可。

◉ 緊急退片孔：當電腦不能開機時，可以插入拗直的迴紋針，即可退出光碟托盤，取出光碟片。

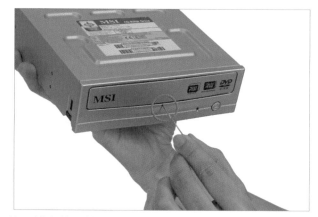

▸ 使用拗直的迴紋針，就可以插入退片孔取出光碟片。

◉ 連接介面插座：藉此透過排線，可以連接主機板上IDE或SATA排線插座，如此才可以接收電腦命令執行存取動作與傳輸資料。目前有IDE與SATA兩種連接介面規格。

◉ 電源插座：與電源供應器的電源插頭連接後，可以提供光碟機足夠的電力運作。

◉ 固定螺絲孔：光碟機內的碟盤會旋轉，即會產生震動，必須要靠螺絲孔來固定於機殼上。

7-1-2 唯讀光碟機

　　唯讀光碟機就是僅能「讀取」光碟資料，不能寫入資料。有CD-ROM(Compact Disc Read-Only Memory)、DVD-ROM(DVD Read-Only Memory)、BD-ROM(Blu-ray Disc Read-Only Memory)三種。產品等級都是以「讀取速度」為主要考量。

✪ CD-ROM光碟機

目前CD-ROM讀取速度最高可達52倍速(1倍速＝每秒150KB傳輸率)，可以讀取所有CD規格的光碟片，如Audio CD、Video CD、Super VCD和Data CD等。

▶ CD-ROM唯讀光碟機。

✪ DVD-ROM光碟機

CD僅有650MB的容量，在資料量暴增的時代，已經無法應付目前的儲存需求，取而代之的是用DVD光碟來儲存。DVD為Digital Video Disc的簡寫，中文為「數位視訊光碟」，DVD的容量比CD還要大得多，DVD為單層4.7GB，雙層為8.5GB，是目前主流的光碟片規格。

DVD-ROM光碟機最高為16倍速(1倍速＝每秒1385KB傳輸率)，除了可以讀取DVD格式的光碟片外，也可以向下相容讀取CD格式的光碟片。不過，要注意的是，DVD分有「-」規格與「+」規格兩種，如DVD-R、DVD-RW或DVD+R、DVD+RW等等光碟片，雖然目前大部分的DVD-ROM都有良好的相容性，可以順利讀取此兩種規格，但是在購買前還是要察看包裝盒上的可讀取的光碟類型。

▶ DVD-ROM唯讀光碟機。

✪ BD-ROM光碟機

BD-ROM是新世代影音藍光光碟機，透過BD-ROM和高畫質電視機可以觀賞1080p高畫質影片。目前量產上市的光碟機產品最高有8倍速的讀取能力(1倍速＝每秒4.5MB傳輸率)，除了可以讀取Blu-ray Disc，也可以向下相容讀取DVD和CD格式的光碟片。

使用BD-ROM光碟機要注意電腦的系統硬體需求，包括要Pentium D 3.0GHz以上等級的CPU、1GB以上的RAM等，否則會有播放延遲的狀況發生，所以要享受高畫質影片，電腦硬體配備也要好。

▶ Blu-ray Disc的標誌

7-1-3 燒錄機

燒錄機除了分有CD燒錄機、CD/DVD燒錄機和BD三種類型，還有結合CD燒錄機搭配唯讀DVD-ROM光碟機的「COMBO機」，以及CD/DVD燒錄機搭配唯讀BD-ROM光碟機的「BD-COMBO機」。

✪ CD燒錄機

它可以寫入與讀取CD光碟，寫入時需要使用CD-R(單次寫入)或CD-RW(可抹寫式)的光碟片。在CD燒錄器的面板上，可以看到3個數字，例如：52X 24X 52X，代表CD-R寫入52倍速、CD-RW寫入24倍速、CD讀取52倍速。寫入與讀取的速度都是用1倍速=每秒150KB的單位來計算。

▶ CD燒錄器的CD-RW的標誌。

▶ CD燒錄機。

❂ COMBO機

結合CD燒錄機與唯讀DVD-ROM光碟機的功能於一身，可以不用在電腦上同時安裝CD燒錄機和唯讀DVD-ROM光碟機，除了可以減少金錢浪費，也可以節省電腦機殼內的空間。

▶ 結合CD燒錄與DVD-ROM讀取功能的COMBO機。

❂ BD-COMBO機

與COMBO的概念類似，是將DVD燒錄機與唯讀BD-ROM光碟機結合在一起，也有省錢和節省電腦機殼空間的效果。在Blu-ray Disc逐漸普及之時，BD-COMBO機是目前市場上所有燒錄器產品中最具話題性的一項光碟機產品。

▶ 結合DVD燒錄與BD-ROM讀取功能的BD-COMBO機。

❂ DVD燒錄機

DVD燒錄機已經發展到DVD DL(單面雙層，可燒錄8.5GB容量)的時代，並且可以向下相容讀取與燒錄CD光碟片。目前DVD燒錄機的價格非常便宜，不用一千元就可以購得，所以購買光碟機時，可直接購買DVD燒錄機來使用。

在燒錄格式方面，DVD燒錄機可以燒錄包括DVD-R/RW、DVD+R/RW、DVD-R DL、DVD+R DL、CD-R、CD-RW甚至DVD-RAM等，依照廠商將其不同的搭配，推出了許多種類型的DVD燒錄機產品，分有DVD Dual、DVD Multi和DVD Super Multi，我們分述如下。

◉DVD Dual：DVD Dual是DVD燒錄機同時支援燒錄DVD-R/RW和DVD+R/RW兩種規格。購買DVD Dual燒錄器的使用者，可以依照自己喜好和習慣，購買DVD-R/RW或DVD+R/RW的光碟片來使用，同時享受兩種規格的優點。所以DVD Dual沒有專屬的規格標誌，只要在燒錄機面板上看到DVD-R/RW和DVD+R/RW的標誌在一起，就是DVD Dual燒錄機了。

▶ DVD Dual燒錄機

◉DVD Multi：DVD-RAM的獨特、便利的存取方式，受到許多使用者的歡迎，因此聰明的DVD Forum就整合DVD-RAM和DVD-R/RW在一部DVD燒錄機裡，稱之為DVD Multi燒錄機。

▶ DVD-Multi的標誌。

◉DVD Super Multi：在市場上看到DVD Multi燒錄機受到歡迎，自然也有人提出希望能夠同時支援DVD+R/RW 規格，所以燒錄器廠商就提出DVD Super Multi燒錄機，整合DVD-RAM、DVD-R/RW 和DVD+R/RW三種DVD規格，當然也會包含DL規格在內。因此，在燒錄機面板上看到有DVD Super Multi的標誌，就代表它是目前最強的燒錄機，能夠處理所有CD和DVD光碟片規格，也是筆者最建議使用者購買的光碟機類型。

▶ 烙上DVD Super Multi標誌，代表是目前功能最強的燒錄機機種。

✪ BD燒錄機

BD燒錄機是目前市面上功能最強的燒錄器產品，不但可以向下相容燒錄CD、DVD所有格式光碟片，也可以燒錄Blu-ray Disc單層25GB和雙層50GB規格，當然在讀取方面也是全面支援的，只是目前價格是光碟機中最貴的，最低都需要三、四千元以上。

▶ 要價昂貴的BD燒錄機。(圖片來源：先鋒網站)

7-1-4　BD燒錄光碟格式

1080p高畫質電視時代來臨，DVD光碟容量已無法存入一部1080p高畫質影片，必須要開發容量更大的光碟格式，Blu-ray Disc就因此誕生。Blu-ray Disc(簡稱BD)，市場俗稱藍光(官方沒有正式中文名稱)，是新一代光碟格式，由新力公司(SONY)所主導，成立「藍光光碟聯盟」(Blu-ray Disc Association，簡稱BDA)。

Blu-ray Disc之所以命名為藍光，顧名思義就是採用藍色雷射光束來進行光碟讀寫，有別於DVD格式採用紅色雷射光束。Blu-ray Disc最大優點是容量大，單層容量有25GB，可以放入約4小時的影片，而雙層容量為50GB，目前技術開發到最高可達8層200GB。Blu-ray Disc也可以透過燒錄機寫入影片、資料或音樂，光碟分有BD-R及BD-RE(多次燒錄)空白片格式，前者為單次燒錄、後者為可重複抹寫式光碟片，目前已經商品化的燒錄速度為12倍速。

▶ Blu-ray Disc的空白片BD-R。(圖片來源：錸德科技網站)

> 🔊 **知識補充** 關於HD DVD與Blu-ray Disc之爭

在高容量光碟統一格式之爭，HD DVD與Blu-ray Disc可說是爭得面紅耳赤，最後由Blu-ray Disc勝出，成為次世代高容量光碟的統一格式。

HD DVD英文為High Definition DVD，是由東芝公司(TOSHIBA)所主導，2003年成立HD DVD Promotion Group研發次世代光碟格式。單層容量為15GB，雙層容量為30GB，也是使用藍色雷射光來進行讀取動作。

HD DVD最大的優勢，在於HD DVD與目前普遍的DVD格式是使用相同構造，生產廠商不需要更換太多生產設備，就可以生產HD DVD的相關產品，可大幅降低成本。

2008年，華納兄弟影業公司宣布退出HD DVD陣營，並轉而支持Blu-ray Disc為其電影光碟格式，間接影響許多支持HD DVD的廠商。最後於同年初，東芝公司宣布退出和停止生產HD DVD相關產品，所以現在市場上已經看不到HD DVD了。

▶ HD DVD的標誌。

7-1-5 DVD燒錄光碟格式

是不是覺得DVD燒錄機上的規格標誌相當多種？要如何辨識燒錄機能燒哪種光碟片？又有什麼不同？我們一一分述如下：

✪ DVD-R/RW

DVD-R/RW是先鋒公司(Pioneer)所推出的DVD規格，為DVD Forum一向承認的規格，所以流通性最大，相容性自然也最高，從家用的DVD播放機到電腦DVD光碟機，只要有DVD Forum的LOGO，都可以讀取DVD-R/RW的光碟片。DVD-R為單次寫入的光碟，DVD-RW為可多次寫入(抹除)的光碟。

▶ DVD-R/RW的規格標誌。

▶ DVD-RW的光碟片。

◀)) 知識補充　關於DVD Forum

DVD Forum(DVD論壇)是1997年4月由日本松下、日立、三菱、先鋒、新力等廠商所合作創立，目的是制訂共通的DVD格式與認證工作，各廠商並且可以交換新技術和演進方針。所以推出的DVD格式光碟機和光碟片等相關產品，都要由DVD Forum認證，掛上DVD Forum的標誌才可以銷售。如DVD-R、DVD-ROM、DVD-RAM、DVD-RW、DVD-VIDEO、DVD-Audio等等，都是DVD Forum制訂的格式。

▶ DVD Forum的標誌。

✪ DVD＋R/RW

　　由SONY、PHILIPS、RICHO、HP、YAMAHA、Mitsubishi、Thomson等7C所推出的規格，是別於DVD-R/RW另起爐灶的DVD規格，具有自己的規格標誌。

DVD Forum並不承認這項規格，因此一開始相容性並不好，許多DVD播放機和DVD光碟機都不支援讀取，不過功能性較DVD-R/RW佳，受到市場上的歡迎而受到重視。所以許多DVD設備已經支援DVD+R/RW，相容性與DVD-R/RW相當。DVD+R為單次寫入的光碟，DVD+RW為可多次寫入(抹除)的光碟。

▶ DVD+R/RW的規格標誌。

▶ DVD+R/RW的光碟片。

✪ DVD DL(Double Layer)

DVD-R/RW或DVD+R/RW光碟片都僅有「單面單紀錄層」，容量4.7GB，面對逐漸增加的資料量，發展出「單面雙紀錄層(Double Layer，DL)」技術(又稱DVD-9)，讓容量提升到8.5GB。在燒錄機的面板看到DVD-R/RW和DVD+R/RW的標誌有DL字樣，就是代表支援單面雙層的光碟片。

▶ DVD DL的標誌。

✪ DVD-RAM

DVD-RAM是日本松下所推出的DVD光碟規格，為可抹除式DVD光碟片。與DVD-RW和DVD+RW不同的是，DVD-RAM允許以隨機存取的方式來記錄資料，因此，可以隨意刪除、修改光碟上的檔案，也不用重新燒錄光碟，使用起來類似磁碟片或硬碟。

DVD-RAM的相容性並不好，僅能在專用的DVD-RAM燒錄機才可以存取，一般的DVD光碟機都不能讀取。DVD-RAM目前有單面4.7GB和雙面9.4GB等不同容量。

▶ DVD-RAM的標誌。

7-1-6 光碟機的技術、規格與功能

選購光碟機時，可能會對一些技術名詞搞得一頭霧水，下面我們就來認識光碟機常見的技術名詞。

✪ 光碟機倍數

常常聽到DVD燒錄機16X(倍數)，CD燒錄機有52 X等等，皆是判斷光碟機效能的指標，又稱為資料傳輸率(Data Transfer Rate)。數字越大，讀寫的效能越好，所需時間越短，所以購買時，最好能夠多加比較和挑選高倍數光碟機。

▶ 燒錄機的倍數，是產品新舊的最好辨識的方法。產品外盒都會有相當明顯的說明。

✪ 緩衝記憶體

　　光碟機的存取時間比電腦運算時間還要慢，所以需要緩衝記憶體來折衝高低速傳送的資料，尤其是燒錄機，需要大容量的緩衝記憶體，增加燒錄光碟的成功率。另一方面，緩衝記憶體也可以減少光碟機的讀取次數，增加光碟機的壽命。

　　燒錄機產品比較會凸顯緩衝記憶體的規格優勢，一般提供2MB的空間就相當夠用了。

✪ 防燒壞技術

　　光碟片燒錄時，都是使用連續寫入的方式，所以為了避免燒錄中斷，光碟片因此報銷，各廠商都會提供防燒壞技術，如BURN-Proof、JustLink、SuperLink等，是燒錄機的基本配備。

✪ LightScribe光速寫技術

　　LightScribe為光碟標籤刻印技術，由惠普公司(HP)所推出，又稱為光雕。它是將圖片透過燒錄器刻錄在特殊的CD/DVD光碟標籤面，這些CD/DVD標籤面已經具有符合LightScribe規定的特殊材質，並非一般的CD/DVD就可以刻錄。

　　LightScribe讓使用者可以製作個人專屬特色的光碟標籤，取代手寫等不美觀的標示方式，目前有許多燒錄器已內建這項功能。

✪ Labelflash閃刷技術

　　Labelflash技術也是屬於光碟標籤刻印技術，由NEC和山葉公司(YAMAHA)於2005年所推出，其功能、效果都和LightScribe類似，目前僅有部分燒錄機具有這項功能。

▸ LightScribe與Labelflash的標誌。

✪ SecurDisc光碟鎖碼技術

SecurDisc是由Nero及日立樂金公司(HLDS)共同研發，提供CD/DVD光碟片資料安全的保護技術。具備有資料鎖碼防竊、資料毀損回復、數位簽章資料驗證、防犯複製保護等功能，增加光碟片的安全性，降低光碟因毀損、遺失、竊取或刮傷所造成的資料損失。透過燒錄器內建的SecurDisc功能，並搭配支援的軟體，記錄到光碟中的資料就可以受到保護。

▶ SecurDisc的標誌。

✪ 搜尋時間

當光碟機收到電腦的存取命令後，光碟機產生讀取動作，直到在光碟片上找到所需的資料，這之間的時間稱為搜尋時間(Seek Time)，搜尋時間越短，代表光碟機的品質越好。

✪ 光碟相容性

常常有人說「挑片」，就是指光碟機相容性，分有兩種，一種為「光碟規格相容性」，另一種為空白光碟片廠牌相容性。

光碟機能讀取越多種類的光碟規格，其相容性當然越好，如DVD光碟機可以讀取CD-R、DVD-R、DVD-RW或DVD+R等規格，可以在光碟機的包裝盒或規格表中確認。

就燒錄機而言，能夠支援辨識更多廠牌的空白光碟片，也是優異的燒錄機需要符合的條件，如此可以減少燒壞片或降低燒錄品質，導致燒錄好的光碟片不能在許多唯讀光碟機上讀取，不過此項相容性可以透過「燒錄機韌體」更新來提升，所以購買品牌知名度高或韌體更新速度快的品牌，會較有此方面保障。

✪ 光碟資料讀寫方式

光碟機為了確保正確無誤的讀取與燒錄光碟片，因此設計CLV、Z-CLV、CAV與P-CAV等四種方式。

讀寫方式	說明
CLV(Constant Linear Velocity)	為線性讀取技術，從內圈到外圈都保持相同的讀取速度，可是光碟面上的圓周長度內外圈不同，所以要透過馬達來調整光碟轉速，可是頻繁的更改馬達轉數，會大幅降低馬達壽命。
Zone CLV	將光碟的內圈與外圈分成數個部分，每個部分都有以固定的速度讀取或燒錄，例如：從內到外分成三部分，依序為4倍速、12倍速、24倍速等。
CAV(Constant Angular Velocity)	將光碟的內圈與外圈都使用相同的光碟轉速，可是在讀取外圈時，讀取的資料量會較多，傳輸量會比較大。
P-CAV(Partial CAV)	會自動判斷光碟的資料類型，使用最適合的光碟讀取技術，例如：使用音樂CD，會使用CLV的讀取方式，提供穩定的音樂品質。若判別為資料光碟，則會使用CAV的方式讀取，提高讀取效率。如此得以兼顧讀取品質與效能。

7-2 軟碟機

軟碟機(Floppy Disk Drive)是存取軟碟片的磁碟機。現代電腦應用到軟碟機的機會已經越來越少，因為軟碟片容量僅1.44MB，已經無法滿足我們日常龐大的資料應用。

每當利用到軟碟機的時機都是關鍵或重要時機，例如：更新BIOS、安裝驅動程式、掃描病毒、救援開機等用途。不過，「USB隨身碟」的應用普及，不論是主機板BIOS、新的作業系統Windows Vista和Windows 7等都已經支援隨身碟來進行上述緊急作業，已取代軟碟機功能。但是使用者若是使用舊的Windows XP或其他Linux作業系統，就可能還是需要安裝一台軟碟機了。

7-2-1 軟碟機的外觀

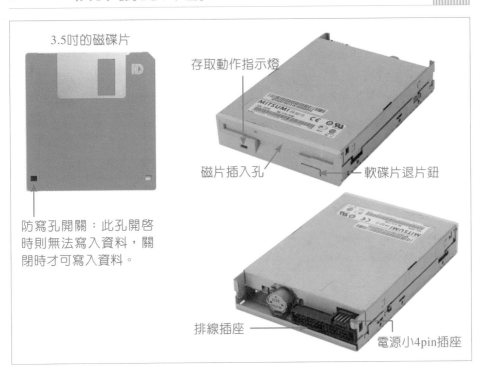

3.5吋的磁碟片

存取動作指示燈

磁片插入孔

軟碟片退片鈕

防寫孔開關：此孔開啓時則無法寫入資料，關閉時才可寫入資料。

排線插座

電源小4pin插座

▶ 軟碟機與磁碟片的外觀。

7-2-2 整合型磁碟機

　　目前市面上有外型類似軟碟機大小，但是整合了軟碟機、多功能讀卡機的功能，可以讀取市面上許多種記憶卡，讓軟碟機有更多的功能。不但可以在緊急的時候使用軟碟片，平常又可以存取數位相機使用的記憶卡，非常方便實用，又不會浪費電腦內部空間。

▶ 具備記憶卡讀卡機功能的整合型磁碟機。

自 我 評 量

◎ 選擇題

( ) 1. 所謂的Super Multi的DVD燒錄機，具備有？(A)CD燒錄功能 (B)DVD-R燒錄功能 (C)DVD-RAM燒錄功能 (D)以上皆非。

( ) 2. 下列何者不是DVD Forum的規格？(A)DVD-RW (B)DVD+R (C)DVD-RAM (D)DVD-Video。

( ) 3. 容量可達50GB的光碟格式是？(A)HD DVD (B)Blu-ray (C)DVD-RAM (D)DVD-R。

( ) 4. 所謂BD-COMBO機不含以下哪種功能？(A)DVD燒錄 (B)Blu-ray讀取 (C)DVD讀取 (D)以上皆非。

( ) 5. 對DVD燒錄機的敘述，何者有誤？(A)DVD DL指的是單面雙層的DVD (B)單面雙層的容量為8.5GB (C)DVD-RAM可以用隨機方式存取 (D)DVD燒錄機緩衝記憶體越大，燒錄速度越快。

( ) 6. 下列哪些不是Blu-ray Disc光碟的特性？(A)1倍速為每秒4.5MB傳輸率 (B)可達1080i高畫質 (C)由SONY主導推出 (D)雙層容量可達50GB。

( ) 7. 以下何者不是DVD-RAM光碟片的特性？(A)最高容量4.7GB (B)隨機存取方式 (C)可任意刪除檔案 (D)可以在各種DVD光碟機播放。

( ) 8. 光碟標籤刻印技術是指？(A)刻印圖樣在光碟標籤面 (B)LightScribe是其中一種技術 (C)也可寫入資料 (D)Labelflash是其中一種技術。

( ) 9. 關於各種光碟片的讀取速率，何者有誤？(A)DVD為1倍速=每秒1385KB傳輸率 (B)CD為1倍速=每秒150KB傳輸率 (C)Blu-ray Disc為1倍速=每秒4.5MB傳輸率 (D)以上皆非。

(　　) 10. 關於燒錄光碟機敘述何者有誤？(A)CD-R光碟片可以多次寫
入與多次讀取 (B)DVD-RAM光碟片可以任意刪除和寫入資料
(C)DVD Super Multi與DVD Multi差異在前者可以燒DVD-RAM
(D)DVD-RW也可以抹除後重新寫入資料。

CHAPTER 08
電源供應器與機殼

電源供應器可以提供電腦電力，機殼則是
像電腦的房屋，是最基本的電腦設備。

8-1 電源供應器

電源供應器的正確全名其實為「交換式電源供應器(Switching Power Supply)」，主要工作是將家中的交流電源(AC 110V或220V)轉換成電腦中零組件所需要的各種直流電壓(DC)。因此，電腦所有零組件都需要充足的電力才可以正常運作，因此，擁有一個穩定、電壓足、耐用的電源供應器，是電腦最基本的要求，也是切勿省錢的一部分。否則，會是電腦當機、故障、甚至燒毀零組件的元凶。

8-1-1 電源供應器的外觀

家用電腦使用的電源供應器都是依據ATX架構生產，外觀都是使用相同的方型外殼，不同的品牌但大小尺寸都一致。現在因應電腦運算能力增強、大輸出功率的時代，電源供應器的價格相對提升，約為一千元到五、六千元不等。因此，各廠商為了讓產品更有賣相、增加質感，在外殼材質和設計更加講究，採用鋁合金、特殊烤漆、加裝更多的散熱風扇等。

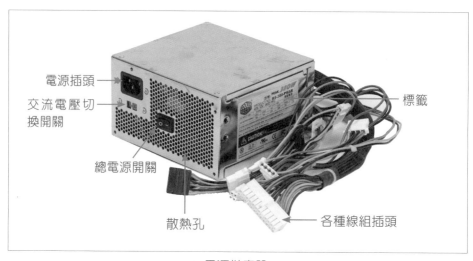

▶ 電源供應器。

✪ 電源插頭與總電源開關

需要連接專用電源線到家中的交流電插座上。一般都使用三腳電源線，第三根接腳是接地使用。總電源開關是電腦最終的電源開關，關閉後，電腦機殼面板的電源鍵也無法啟動電腦。在長時間不使用電腦時，可以免除拔插頭的麻煩。

✪ 交流電壓切換開關

用來設定電源供應器輸入的交流電壓，有110V(或115V)和240V兩種設定，台灣地區是110V，所以設定應為110V，設定錯誤，可能會造成電源供應器燒毀或無法開機的情形。

有些較高級的電源供應器具有「自動切換交流電壓」功能，因此可以不必注意交流電壓問題了。

▶ 台灣地區應該設定為110V(115V)的位置。

▶ 有些電源供應器是使用「自動切換交流電壓」功能。

◀)) 知識補充　買機殼送電源供應器！是賺到了嗎？

現在購買電腦機殼，大都有附送一個電源供應器，以電源供應器一個都千元以上的價格來看，似乎相當划算，因為機殼一個也約一千元，但是小心別因小失大。

機殼中所附送的電源供應器大都品質堪慮，不但使用劣等的電容電子元件，更提供不足的輸出功率(例如：標明350W，可能僅有200W)、不穩定的電力和較低的電源轉換效率，所以建議各位不要使用，以免造成電腦零組件的毀壞或電腦不穩定。

✪ 散熱風扇

電源供應器在轉換電力給電腦時，內部會產生熱能，需要散熱風扇來幫助散熱，否則會有燒毀的可能。另一方面，也可以排出機殼內的熱氣，有助整部電腦的散熱。較高級的電源供應器還有提供自動溫控功能，會監視溫度變化來控制風扇開關和轉速，達到靜音的功能。

▶ 高級的電源供應器，風扇採用自動溫控功能，散熱性與靜音性都相當好。

✪ 標籤

標籤上標明了電源供應器的廠牌、型號、輸出功率W(供電量)、交直流電壓、安規認證等資訊，購買時最需要注意的是「輸出功率」，以W為單位，數值越大，能提供更多的零組件電力需求，一般最低需要350W以上。其他如廠牌、型號和安規認證也是需要注意的。

▶ 購買前要先仔細閱讀標籤上的規格。

✪ 各種線組插頭

用於連接電腦各種零組件的插頭，通常會有提供下列數種：

▶ 24pin主電源長方形插頭。

● 主電源插頭：符合ATX 12V 2.x 規格的電源供應器，都會標準提供兩個主電源插頭，包括24pin 的長方形插頭與4pin或8pin的 +12V插頭。

24pin的長方形插頭是提供主機板電力所需，而4pin或8pin插頭雖然也是插在主機板上，不過是專供CPU電力之用(高階的主機板會使用8pin +12V插頭，但是連接4pin規格也是可以順利開機使用)。

▶ 4pin的+12V插頭。

有許多舊的主機板是使用20pin 長方形插頭，而目前新的電源供應器也具有向下相容設計，可以將24pin多的4pin分離成為 20pin使用。

▶ 20與24pin長方形插頭比較。

● 大電源插頭：為4pin插頭，常常用於硬碟機、光碟機等裝置的大電源插頭，有時也會提供顯示卡和特殊零組件之用。插頭有兩個切角，是防呆設計，避免使用者插反方向，導致裝置損壞。一般電源供應器都會提供4~8個之多。

▶ 大4pin電源插頭。

◉ 小電源插頭：為4pin插頭，常連接於軟碟機，有時也會提供顯示卡和特殊零組件之用。插頭有一面具卡榫的防呆設計，可防止使用者插反。一般電源供應器會提供2~4個左右。

▶ 小4pin電源插頭。

◉ 顯示卡外接電源插頭：PCI Express顯示卡插槽已經可以提供一般顯示卡足夠的電力，不過，對於高階的顯示卡來說，運算效能高、耗電量也大，所以需要另外連接電源。之前都是直接用大電源插頭或小電源插頭，但現在顯示卡則是改用專用的6pin電源插頭或8pin電源插頭，高階的顯示卡更使用兩個6pin電源插頭。目前有許多電源供應器都已有提供這類接頭，而許多顯示卡包裝中也會提供其專用的轉接插頭。

▶ 提供顯示卡額外電源的6pin插頭。

▶ 一般顯示卡附的6pin轉接插頭。

◉ Serial ATA電源插頭：SATA介面的磁碟機已經是市場主流，市面的電源供應器都已提供SATA專用的電源插頭，為15pin接腳，具有L型的防呆設計。如果你是使用舊的電源供應器，SATA的電源轉接頭也可以在主機板包裝中取得。

▶ 電源供應器已經全面提供SATA電源插頭。

📢知識補充 模組化插頭

電源供應器有相當繁雜的電線，如果不善加整理，會影響散熱和美觀，所以有些高級的電源供應器採用模組化設計。

模組化就是在電源供應器上設計許多插座，使用者可以依照零組件的電力需求，自己插上合適的電源線，另一頭再接上各零組件，而用不著的電源線就不用插上，這樣就可以解決電線雜亂的問題了。不過，此類電源供應器的價格都比同級產品還要貴。

▶ 模組化設計的電源供應器，可解決電線雜亂的問題。

8-1-2 電源供應器的輸出功率

電源供應器的等級區分是「輸出功率」，單位是「瓦特(Watt，簡寫W)」，電源供應器能輸出的瓦特越高，代表供電能力越強、輸出功率越大，當然價格也越貴，例如：市場上常說的350W、400W、600W等，就是輸出瓦特，為採購時的重要指標。

在購買零組件時，就必須要考量零組件的「能源功率消耗量」來判斷該買多少瓦特的電源供應器。可以將每一項零組件的最大能源功率消耗量加起來，總數一定要小於電源供應器的輸出功率。如果組裝的電腦等級越高，基本上零組件耗電量就越大，就必須要使用大輸出功率的電源供應器。

▶ 電源供應器的輸出功率越大，代表電腦可以支援安裝更多的零組件。

8-1-3　電源供應器的規範

　　製造電腦專用的電源供應器是有規格、規範的，從2000年開始，Intel就將老舊的ATX改制為ATX 12V V1.0的電源供應器規範，以適用在往後先進的電腦零組件。

　　ATX 12V規範在電腦不斷演進下，也一直更新版本。依照新推出的CPU、晶片組和其他組件等電力需求，陸續推出ATX 12V V1.3、V2.0、V2.2和最新的V2.31等重點版本。其中主要是更改電源插頭的支援類型、節能環保規範等，例如：從主電源20針(pin)接頭演進到24針、新增SATA的電源插頭、修改+12V電源插頭和顯示卡專用6或8針接頭等，而新版本都具有向下相容的特性，購買越新版本的電源供應器，連接擴充性就越廣。

截至2009年，ATX 12V規範主流為V2.2和V2.3版本。兩者差異在新版的V2.3對環保節能上有嚴格的規定，包括電源輸出效率達80%以上，降低能源浪費，並符合能源之星(Energy Star)新的規範等。

如此標準規範的制訂，不但讓廠商在製造設計電源供應器時有個依循，消費者在採購時也有個新舊根據。

◀)) 知識補充　電源供應器的用電效率認證「80 PLUS」

電源供應器的工作就是轉換電源，將AC轉為DC，但是在轉換過程中大部分成為DC電力，有一部分的電力會耗損，並且成為廢熱，這就是「轉換效率」。如果電源供應器的轉換效率太低，熱能就會提高，不但浪費，所產生的廢熱也造成本身的不穩定。例如：有一台電腦需要200W的DC，若使用一顆轉換效率為70%的電源供應器，它對AC的需求是285W，使得電源供應器為了產出200W的電力而多耗損了85W，違背了現今節能省電的原則(計算公式：DC輸出瓦特 ÷ 轉換率% = AC輸入瓦特)。

因此，美國產官界即提出「80 PLUS能源效率認證計畫」，認證電源供應器產品的轉換效率，其中明訂重點是電源供應器在電腦中以20%低負載、50%中負載、100%高負載供電時，能源轉換率最低都要達80%以上，如果經過80 PLUS機構認證通過，電源供應器產品就可以獲得80 PLUS的認證標章。80 PLUS認證標章還有銅級、銀級和金級等級之分，金牌需要達90%以上的轉換率。因此，購買電源供應器時，最好是購買有80 PLUS標章的產品。

▶ 80 PLUS的認證標章。

8-2 機殼

機殼(Case)大部分的電腦零組件都要固定在這個殼子裡，別小看它的功能，除了美觀之外，它還具備便利、散熱、保護和減少電磁輻射的功能。所以選擇一個品質好的機殼，不但好看、好用，還可以用很久。

▶ 各式各樣不同風格的機殼。

8-2-1 機殼的構造

我們一部分一部分解說機殼的各種規格、位置與適用的裝置。

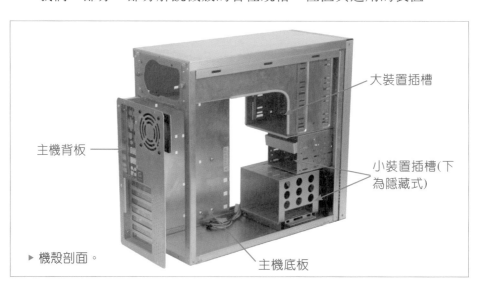

▶ 機殼剖面。

主機背板

大裝置插槽

小裝置插槽(下為隱藏式)

主機底板

✪ 5.25吋大裝置插槽

主要是提供固定5.25吋的裝置設備，如光碟機、硬碟抽取盒、燒錄機或讀卡機等等裝置。

▶ 大型裝置插槽，是用來固定光碟機、硬碟抽取盒、燒錄機或讀卡機的位置。

✪ 3.5吋小裝置插槽

用於固定軟碟機、硬碟機等3.5吋的裝置設備。不過有分為開放式和隱藏式插槽兩種。開放式是可以在機殼面板安裝、使用裝置，如軟碟機、ZIP磁碟機或讀卡機。而隱藏式則沒有在機殼面板預留開口，適合給硬碟機使用。

✪ 主機底板

用於固定主機板之用，一般機殼都會提供許多卡榫和固定螺絲，是用於固定主機板到底板之用。有些設計優良的機殼，可以將底板與機殼本體分開，便利安裝主機板。有些則是焊死在機殼本體，安裝上較為不便。建議購買可拆卸底板的機殼，選購時可以將機殼拆開來查看。

✪ 機殼背板

　　機殼背板可以看到4個部分：
電源供應器插座、I/O背板、介面
卡擋板和風扇孔位。值得注意的
是，I/O背板是提供主機板上連接
埠外露的金屬板，除了清楚標示各
連接埠類型，還具有美觀和防塵等
功用。機殼本身會提供一片通用的
I/O背板，可是現在主機板樣式很
多，常常會遇到不合用的情形，因
此主機板包裝都會提供一片I/O背
板供更換。

▶ I/O背板，針對不同的主機板有不同
的孔位，主機板也會提供此配件。

✪ 機殼前方面板連接埠

　　前方面板連接埠可以讓使用者輕鬆連接周邊設備，免除在機殼背後
苦苦尋找連接埠。一般有提供USB、IEEE1394、耳機、麥克風等連接
埠。

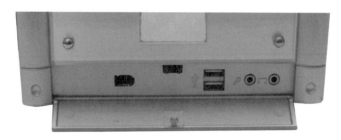

▶ 可以輕鬆連接周邊設備的前方面板連接埠。

免工具機殼

為了讓使用者能夠更方便的組
裝電腦,有許多機殼採用免工
具螺絲和特製固定卡榫,除了
可以徒手直接旋轉螺絲,不用
螺絲起子,也可以將儲存裝置
直接插入裝置插槽,再用特製
卡榫固定。讓組裝電腦更輕鬆
容易又具效率,適合喜歡拆裝
裝置的電腦玩家,不過機殼價
格會較貴一些。

▶ 免工具機殼,讓組裝電腦更輕鬆容易。

請選擇支援HD Audio的機殼

目前主機板的音效晶片都已經從舊的AC'97 Audio升級為HD Audio(High
Definition Audio),而兩者的主機板支援的機殼前方面板連接埠(耳機與
麥克風)接針設計也並不相同,若使用舊的支援AC'97 Audio機殼安裝HD
Audio音效的主機板,會導致耳機與麥克風插座偵測功能失效。例如:插
入耳機時,電腦無法獲知使用者正要使用耳機,不會自動將喇叭輸出關
閉,使得耳機和喇叭會同時發出聲音,必須要手動關閉喇叭輸出,使用上
相當麻煩。

市場上還有許多舊的AC'97 Audio規格機殼在販售,因此在選購機殼時,
必須要指定選擇支援HD Audio規格(HD Audio的機殼會設計向下相容
AC'97)。

▶ 支援HD Audio的機殼都會向下相容AC'97規格。

✪ 機殼面板連接線

　　機殼面板有電源開關、重置鈕、提示燈和面板連接埠，因此，需要使用機殼面板連接線連接主機板，才可以正常使用。

　▶ 複雜的機殼面板連接線，需要對照主機板說明書才可以正確安裝喔！

✪ 機殼散熱風扇

　　機殼內是個封閉的空間，而每個零組件都會產生熱能，所以需要透過風扇來循環機殼內的空氣，達到散熱的效果，所以購買時需要注意風扇的設計是否優良。

機殼風扇

8-2-2 機殼的ATX規格、尺寸和材質

在電腦賣場裡可以看到各式各樣不同風格設計的機殼，雖然它們的外觀設計都不相同，但是內部的架構都符合ATX規格，僅有極少部分支援Micro-ATX、BTX、AT等。若使用ATX的主機板，就要使用ATX規格的機殼，才可以安裝。

此外，有些機殼的尺寸有大、小之分，差別只有「可安裝磁碟機的插槽數量多寡」，如「4大2小」、「2大2小3隱藏」、「3大2小2隱藏」之類的區別，「大」是指光碟機等5.25吋的裝置插槽；「小」則是指3.5吋且在機殼面板有預留開口的插槽；「隱藏」則是沒有開口的插槽，用於硬碟機。最能決定機殼大小的就是「大」的裝置插槽數量，越多機殼越高、越大。

4個5.25吋的裝置插槽

3個3.5吋的裝置插槽

▶ 架構為4大3小3隱藏的機殼。

機殼推陳出新，機殼材質也越來越多，有鐵製、鋁合金、塑膠壓克力等等。鐵製品的機殼特性是價格低、質地硬、耐用，但是缺點是重量重；鋁合金製品的優點是導熱好散熱佳、美觀、耐用、重量輕和容易環保回收，缺點則是價格高昂；而塑膠壓克力材質，大都以展示或美觀為考量，缺點是不具散熱性、不耐用、價格高，因此選購時盡量避免。

8-2-3 省空間的準系統

　　在各大賣場裡，常常看到比一般機殼還要小50%的電腦主機，這類的電腦我們稱為「準系統」(Barebone)。

▶ 許多造型獨特的準系統。

　　準系統算是電腦的「半成品」，僅有主機板、電源供應器和機殼，其他如CPU、記憶體、光碟機、硬碟都要另外選購，可以滿足想要自己DIY，又可享受原廠保固的使用者。早期的準系統如同一般的電腦一樣大，後來受到市場歡迎，逐漸朝向精緻化路線，以小巧、容易組裝、整合性高、功能強大為主要考量，小小的機身裡，納入了所有功能於一身，甚至走向數位家庭，涵蓋電視收訊、多媒體播放等功能。不過，準系統因為著重在精緻設計，所以價格會比一般電腦還要貴一些。

▶ 準系統整合了許多功能，如讀卡機、各種連接埠，功能性相當強大。

　　此外，準系統為了講究小巧，犧牲了內部空間，所以擴充性不如一般電腦來得強，而且不能更換主機板的情況下，若電腦過時了，機殼也要一起淘汰。

▶ 講究小巧，卻會犧牲擴充性，購買前需要考慮清楚。

自 我 評 量

◎ 選擇題

( ) 1. 關於電源供應器的敘述，何者正確？(A)等級區分是使用「伏特」(B)輸出功率越大，可馬上提升電腦效能 (C)都是按照ATX 12V規範設計 (D)80 PLUS是金屬資源回收的環保標章。

( ) 2. 下列哪個電源供應器是符合80 PLUS標章？(A)符合可資源回收材質製造 (B)用電效率需高於80%以上 (C)用電效率達到90%才可以取得標章 (D)以上皆非。

( ) 3. 以下哪些機殼是不要購買的？(A)防割處理與免工具設計 (B)支援HD Audio (C)塑膠製造 (D)未附有電源供應器。

( ) 4. 關於ATX規範，請選出錯誤的？(A)機殼都是以ATX規範設計 (B)電源供應器是以ATX 12V規範設計 (C)2009年電源供應器主流是ATX 12V 2.2版本以上 (D)以上皆非。

( ) 5. 關於電源供應器的功能敘述，以下何者有誤？(A)英文為 Switching Power Supply (B)將直流電轉成交流電來使用 (C)瓦特數越高，供電能力越強 (D)以上皆非。

( ) 6. 何者不是鋁合金材質的優點？(A)散熱佳 (B)重量輕 (C)價格低 (D)以上皆非

( ) 7. 關於準系統產品的敘述，何者有誤？(A)購買時沒有CPU (B)講究體積輕巧 (C)功能性佳 (D)附有光碟機

( ) 8. 有一個ATX規格、1大2小的迷你機殼，請問它不能裝入以下哪些組件？(A)Micro-ATX主機板 (B)一台燒錄器和一台藍光光碟機 (C)兩台硬碟機 (D)ATX電源供應器。

◎ 問答題

1. 80 PLUS用電效率認證規範中，請說明電腦在哪些負載下電源供應器需要達到多少用電效率%以上標準？又有哪些標章等級？各通過標準為何？

_____

_____

_____

_____

2. 一部電腦需要360W的DC電力，但是電源供應器只有65%的轉換效率，請計算這個電源供應器需要耗費多少AC瓦特電力？又耗損了多少瓦特電力？

_____

_____

_____

_____

N . O . T . E

CHAPTER 09
鍵盤與滑鼠

電腦最基本的設備,非鍵盤與滑鼠莫屬,因為需要人來操作、輸入、命令電腦執行工作,鍵盤與滑鼠是最直接、有效的工具。

9-1 鍵盤

　　鍵盤的外觀就像打字機，採用QWERTY排列標準，可以透過上百個按鍵來輸入文字或命令，也包含許多特殊按鍵，讓輸入時更快速便捷。市面上最常見的是105鍵標準鍵盤。

　　隨著電腦應用愈來愈多樣化，市面上的鍵盤種類也愈來愈五花八門，透過個性化、多功能化、人體工學等因素，發展出各式各樣的鍵盤。

功能鍵區　　多媒體特殊功能鍵區　　指示燈

打字鍵區　　編輯鍵區　　數字鍵區

▶ 鍵盤的外觀。

9-1-1 有線與無線鍵盤

　　傳統的鍵盤都是有線的，連接電腦與鍵盤之間。有線的牽絆，桌面會顯得凌亂，也不能自由的將鍵盤放在任何想要的位置使用，因此「無線鍵盤」就應運而生。

　　無線鍵盤是透過無線電波與電腦連接，鍵盤必須要安裝電池才可以正常使用，不過電力耗損低，所以可以持續使用數個月。

　　目前的無線鍵盤有多種傳輸方式，傳輸能力由差到好依序是紅外線(IR)、無線電(Radio Frequency)、藍牙(Bluetooth)和2.4GHz無線傳輸(2.4GHz Wireless)等。使用紅外線鍵盤，需要對準訊號收發器，使用上相當不便；而無線電與藍牙，則無方向性，使用時可自由移動；至於最新推出的2.4GHz無線傳輸，則提供更遠的距離和更好的收訊品質。

▶ 無線鍵盤，可以自由的將鍵盤放在任何想要的位置使用。

9-1-2 人體工學鍵盤

　　傳統的鍵盤並不符合人體工學，長時間的打字，很容易造成疲累或手腕肌腱受傷。人體工學鍵盤則是將鍵盤彎曲，並將打字鍵區分成左右兩邊，讓使用者的雙手可以自然的放在鍵盤上打字，減少疲累感和受傷機會。可是習慣傳統鍵盤的人，轉換到人體工學鍵盤上仍需要一段時間適應和學習，這也是難以推行的原因。

　▶ 人體工學鍵盤將傳統鍵盤一分為二，手可以自然放在鍵盤上打字。

9-1-3 多媒體鍵盤

　　多媒體鍵盤就是將傳統鍵盤新增了許多快速控制鍵，如電腦音量調整、快速開啓應用程式、影音播放控制鍵、網頁瀏覽快速鍵和開啓郵件軟體等，都屬於多媒體鍵盤。

　▶ 多媒體鍵盤可以大幅增加操作電腦的便利性。

多媒體鍵盤可以增加操作電腦的便利性，使用者不必使用滑鼠點按，減少操作時間。可是使用多媒體鍵盤都需要安裝驅動程式，並且需要使用者設定按鍵功能，電腦才知道鍵盤上的快速鍵是做什麼用的。

9-2 滑鼠

滑鼠看來是個簡單的工具，但它在電腦周邊裡可是有舉足輕重的地位。它是控制「游標」的基本工具，透過游標來命令電腦執行工作，因此從電腦開機進入Windows到結束，都需要使用滑鼠來操作。雖然沒有滑鼠也可以使用鍵盤來完成相同的工作，但是會事倍功半，沒滑鼠操作來得有效率。

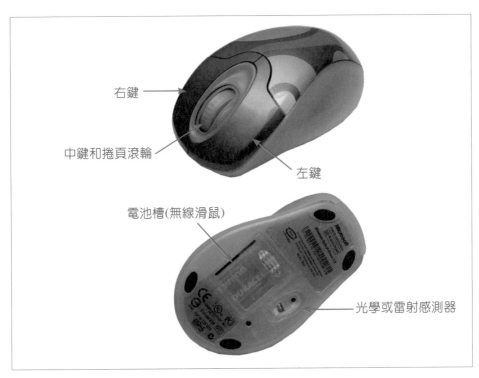

右鍵

中鍵和捲頁滾輪

左鍵

電池槽(無線滑鼠)

光學或雷射感測器

▶ 滑鼠的正反面外觀。

9-2-1 滑鼠精確度單位－**dpi**

滑鼠的精確度，又稱為解析度，是採購滑鼠時的重要依據，單位為dpi(Dots Per Inch)，意即實體滑鼠每1英吋的移動，反應螢幕上移動游標的畫素數量，換句話說，800dpi的滑鼠，在滑鼠墊上移動1英吋，螢幕上的游標也移動800個畫素。dpi值越大，代表滑鼠越靈敏。目前市面上的主流規格是800～1600dpi，也有高達5700dpi的頂級雷射滑鼠產品。而作業系統中也有「滑鼠加速功能」，會增加游標的移動速度，即以1 dpi移動2個以上的螢幕畫素，但是會降低精確度。

9-2-2 滑鼠的掃瞄更新率－**FPS**

光學滑鼠能夠平順地使用，掃瞄更新率就非常重要，單位為FPS(Frames Per Second)。光學滑鼠和雷射滑鼠在移動時，感應器會不斷地拍攝掃瞄滑鼠下方的表面，然後快速比對上一張和下一張的位置差異來判斷滑鼠移動方向。當滑鼠高速移動時，如果滑鼠的掃瞄更新率FPS很低，感應器會拍攝到兩張完全不一樣的表面(兩張連不上)，無法辨認上一張和下一張相對位置的差異，滑鼠就會無法精確定位，甚至會「指標亂跳」。因此，掃瞄更新率FPS越高，表示滑鼠的品質越好，目前有每秒6000～9000FPS的產品。

9-2-3 有線與無線滑鼠

當初之取名為滑鼠，就是因為有一根長長的訊號線「尾巴」，不過傳統的有線滑鼠使用起來並不自在，有時也會因為線段干擾滑鼠的移動，因此，推出了無線滑鼠產品，在電腦市場上相當受歡迎。

▶ 無線滑鼠讓桌面變得乾淨清爽。

無線滑鼠和無線鍵盤一樣，透過無線電波與電腦連接，內部需要放電池，因為滑鼠比鍵盤使用率多很多，約需一到數個月左右就要更換新電池，是較為麻煩的地方。無線滑鼠的傳輸方式也和無線鍵盤相同，具有紅外線、無線電、藍牙和2.4GHz無線傳輸等方式。市場有推出鍵盤滑鼠套組，鍵盤和滑鼠共用一個收發器，所以兩者的傳輸方式也都會相同。

9-2-4 便宜滑鼠最佳選擇－光學滑鼠

光學滑鼠是使用「光感測器(發光二極體：LED，Light Emitting Diode)」來偵測桌面的粗糙陰影變化，感應滑鼠移動的軌跡，不像傳統滾輪滑鼠需要實體滾輪接觸桌面，因此不會沾染灰塵，造成滑鼠滾輪移動的障礙。而且光學滑鼠的感應能力較好、定位精確，因此很快就成為市場主流。

▶ 市場主流的光學滑鼠。

9-2-5 市場主流－雷射滑鼠

雖然光學滑鼠有諸多優點，可是對於金屬、瓷磚、玻璃、烤漆等高反光的桌面會有偵測障礙，為了改良此方面問題，推出了「雷射滑鼠」。

　　雷射滑鼠是使用「雷射感測器(雷射二極體：LD，Laser Diode)來偵測滑鼠移動軌跡，採用直接反射桌面的細節，不是用陰影變化來判斷，所以感測能力高出很多，也不會太挑桌面材質，而且解析度、精準度也有大幅提升，但缺點是價格比光學滑鼠要高一些。

▶ 雷射滑鼠比光學滑鼠的感測能力更好。

9-2-6 寫下新頁－藍光滑鼠

　　藍光滑鼠(BlueTrack)是由微軟公司(Microsoft)於2008年所推出，以新設計的藍光感應技術，突破了光學和雷射滑鼠的表面感應瓶頸。

　　不論是光學滑鼠還是雷射滑鼠，對於反射表面的材質還是有部分障礙，例如磁磚、大理石、絨毛或粗糙木紋等，會造成游標亂跳、感應不佳的問題發生。而藍光滑鼠則使用分子較小的LED藍光光源和高對比技術，讓藍光滑鼠可以使用在各種材質表面。不過缺點是，因為產品技術新穎，價格會貴一些。

▶ 微軟的藍光滑鼠是目前表面材質感應最好的滑鼠類型(圖片來源：微軟網站)。

9-2-7 另一種選擇－軌跡球

軌跡球的功能和滑鼠相同，都是控制滑鼠指標。不同的地方是滑鼠是整個移動，以利偵測；而軌跡球是僅手指轉動圓球，所以軌跡球不需要滑鼠移動的空間。要使用軌跡球需要一段時間的練習和習慣，所以使用的人數不多，無法普及。

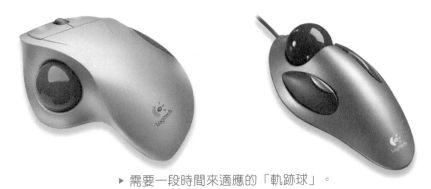

▶ 需要一段時間來適應的「軌跡球」。

◀》知識補充　滑鼠的轉接插頭

目前滑鼠有PS/2與USB兩種插頭。有部分的滑鼠，會以USB插頭為主，再附PS/2轉接頭，如果使用在桌上型電腦，可以使用轉接頭連接電腦的PS/2連接埠或者直接使用USB連接；若應用在筆記型電腦(無提供PS/2埠)，可以直接使用USB連接埠。

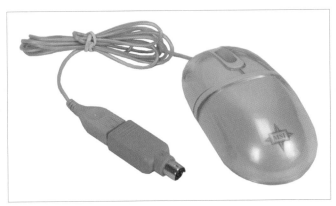

▶ 附有PS/2轉接頭的USB滑鼠。

自我評量

◎ 選擇題

( ) 1. 目前的無線鍵盤、滑鼠所採用的連接介面，不包括有？(A)RF無線電 (B)紅外線 (C)藍牙 (D)RS232。

( ) 2. 滑鼠的移動感測器有？(A)滾輪 (B)LED (C)雷射 (D)以上皆是。

( ) 3. 滑鼠的精確度單位是？(A)ddp (B)dpi (C)cm (D)nm。

( ) 4. 下列哪個滑鼠的感應最好？(A)光學滑鼠 (B)雷射滑鼠 (C)滾輪滑鼠 (D)以上皆非。

( ) 5. 關於滑鼠的敘述，何者有誤？(A)軌跡球也是一種游標控制器 (B)滑鼠有USB和PS/2兩種介面 (C)滑鼠的解析度以FPS為單位 (D)雷射滑鼠是使用雷射二極體為感測器。

( ) 6. 解析度為1600dpi的滑鼠，在滑鼠墊上移動1英吋，在螢幕上可以移動多少畫素距離？(A)1600畫素 (B)800畫素 (C)1200畫素 (D)3200畫素。

( ) 7. 關於滑鼠的FPS特性，下列選項哪個不正確？(A)FPS越高，游標移動越順暢 (B)FPS太低會導致指標亂跳 (C)FPS是每秒掃瞄的更新率 (D)以上都正確。

CHAPTER 10
顯示器

顯示器(Monitor)一般又稱為「電腦螢幕」，是呈現電腦運算前後的所有資訊，使用者可以透過它來正確操作電腦。所以顯示器的好壞，可以決定是否可以真實、完整的呈現電腦所要表達的畫面。

10-1 顯示器的種類和外觀

目前顯示器有CRT與LCD兩個種類，前者在市場上已經非常少，而後者為市場主流，最大差異是LCD可以省下許多桌面空間。

10-1-1 CRT顯示器

CRT(Cathode Ray Tube)中文稱為「陰極射線管」，俗稱「映像管」。CRT體積非常大，較佔桌面空間，與輕薄著稱的LCD顯示器來比較，已經在市場上失去許多競爭力，再說它的輻射較強，對人體傷害較大。不過，CRT具備畫面細緻、近180度可視角度、無壞點疑慮、色彩真實度高、色彩均勻、可自由設定多種解析度、反應時間極短等優點，也是LCD近幾年在技術上正在追趕的地方。

目前仍有許多美術工作者不願放棄CRT顯示器就是這些原因，更重要的是價格比LCD便宜一些。不過現在因為已經失去市場主流，CRT顯示器已經接近淘汰消失，並不容易買到。即使如此，我們還是大致瞭解一下CRT的外觀。

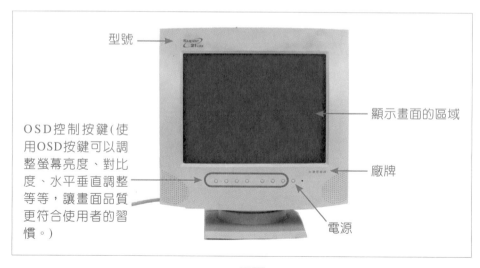

▸ CRT正面。

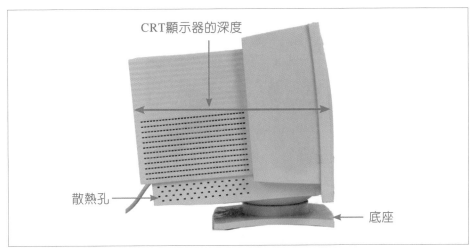

CRT顯示器的深度

散熱孔

底座

▶ CRT側面。

10-1-2 LCD顯示器

　　LCD(Liquid Crystal Display)是使用「液晶面板」為基本顯示元件，因為特性是輕、薄，所以不佔空間，也容易搬運。目前在技術發展上已經相當成熟，尺寸機種也相當豐富，價格也有越來越低的趨勢，目前已經取代CRT成為市場主流。

型號

液晶面板

顯示畫面的區域

廠牌

OSD控制按鍵(使用OSD按鍵可以調整螢幕亮度、對比度、水平垂直調整等，讓畫面品質更符合使用者的習慣。)

底座

▶ LCD正面。

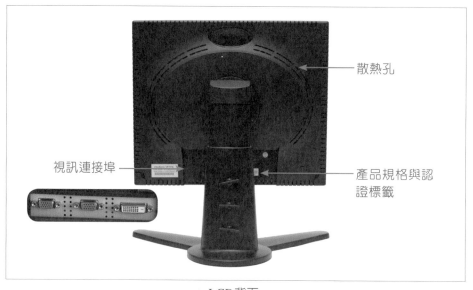

散熱孔

視訊連接埠

產品規格與認
證標籤

▶ LCD背面。

10-2 顯示器的尺寸與長寬比

　　顯示器都是以「畫面尺寸」來分類等級，尺寸越大等級越高，價格自然也越貴。顯示器的尺寸與電視機一樣，都是使用「英吋(inch)」為單位，以顯示元件的「對角線」來計算，如19吋、20吋、22吋等。

　　目前市場主流的LCD顯示器已逐漸朝向寬螢幕16：9或16：10的比例設計，就是螢幕看起來較為寬扁，捨棄傳統的長寬比例4：3。

▶ 寬螢幕顯示器。

　　寬螢幕有相當多好處，例如：符合人眼的視野範圍，觀看較爲舒適；可以一次顯示更多的資料，尤其是試算表的軟體；符合DVD和數位電視的畫面要求，有舒適的視聽環境等。目前寬螢幕顯示器已經非常普遍，且價格非常便宜，建議選購寬螢幕的產品。

🔊 知識補充　CRT與LCD的尺寸測量方式不同

要注意的是，有時看到CRT與LCD的尺寸標示相同，實際大小卻會有差異，例如：17吋的CRT可視範圍和15吋LCD相當。原因是CRT使用最大對角範圍來計算，當映像管裝入顯示器機殼後，周邊會被遮蔽掉一些；而LCD則沒有這方面的問題，標示的吋數，即爲可視範圍。

▶ CRT的螢幕，標示尺寸都比實際可視範圍還要大約1~2吋。

▶ LCD顯示器標示尺寸就是可視範圍尺寸。

10-3 看懂顯示器的規格

　　只要抓住顯示器的幾個規格重點，就可以很容易從規格表中辨別顯示器的優劣。

✪ 掃瞄更新頻率

　　CRT在顯示畫面時，映像管會以高速重複掃瞄，利用人類的視覺暫留來組成一個畫面，更新頻率就是每秒鐘掃瞄的次數，「Hz」為單位，分有垂直掃瞄和水平掃瞄頻率。

　　更新頻率越快，人眼越感覺不出更新時的跳動，一般調整到72Hz以上即可。若在LCD上，因為不是使用映像管，因此畫面沒有更新跳動的問題，使用60Hz頻率即可。

✪ 點距

　　在CRT顯示器裡，兩個同色的螢光體(Phosphor)間的距離，就是「點距」。而在LCD顯示器，液晶面板是由許多畫素所組成，畫素與畫素之間的距離即為「點距」。點距越小，畫面越清晰細緻。

✪ 亮度

　　亮度(Brightness)是選擇LCD時的重要指標，單位是「燭光/平方公尺(cd/m2)」，如450 cd/m2。亮度高的LCD，越能表現自然亮麗的畫面，眼睛看起來舒服。一般來說，250~500cd/m2之間的亮度，是相當不錯的LCD產品。

✪ 對比度

　　對比(Contrast Ratio)是指畫面全黑到全白的比值。對比越高，越能呈現鮮豔飽和、高層次感的立體物像。低對比度，畫面會顯得乾硬、無立體感。

目前LCD實際對比值在1000～5000：1以上，而許多廠商推出動態對比值，是指在LCD偵測到顯示黑色的時候，會利用減少光源來降低黑色的暗度，讓畫素呈現深黑，對比度有10000～50000：1，使用的成效會因產品設計而異，但是選購時還是以實際對比為佳。

✪ 反應時間

LCD的反應時間(Response Time)，是指畫素從暗轉亮再由亮轉暗所需要的全部時間，單位為毫秒(ms)，數字越小代表反應時間越快。有部分LCD在標明規格時，會把反應時間再分為「暗轉亮(Tr)」與「亮轉暗(Tf)」兩種時間，其實只要兩者相加即為真實的「反應時間」。

反應時間快的LCD，能減少殘影發生，完美表現高速動態的畫面，如賽車遊戲、播放電影等等。反應時間慢的LCD，會發現賽車高速衝過後，殘存影像才慢慢消失，大大降低了畫面品質。一般25~16ms的反應時間就是相當好的顯示器產品，可以應付電影、遊戲等等高速畫面的需求，然而現在主流產品都有5ms的反應水準，已經非常好了。

✪ 真實解析度

CRT與LCD最大的不同，在於CRT可以在各種解析度間自由設定，也能保持細緻的畫面品質。而LCD則必須要在「真實解析度」下，才可以有細緻的畫面。

LCD液晶面板是使用固定的畫素數量，即19吋為1440×900(橫 ×豎)畫素、22吋1920×1080畫素等，而這些則為真實解析度。如果在電腦中的解析度設定不符合LCD的真實解析度，如1440×900畫素的LCD使用800×600的畫面設定，則LCD需要使用模擬的方式來達成，所以畫面的細節會產生模糊，降低了畫面品質。

✪ Full HD

市場上有許多LCD已經標示符合FULL HD(Full High Definition)規格，那是什麼？

LCD要達到FULL HD，首先解析度必須要有1920×1080畫素，也就是水平畫素有1920個，垂直畫素有1080個，成為16：9的顯示比例。其次就是要以循序掃瞄的方式播放畫面，每秒畫面要達到60張，即市場常說的1080p，1080為1920×1080的簡稱，p為循序掃瞄(Progressive Scan)的英文簡稱，如此才可以稱為真正的Full HD。

✪ 可視角度

有時不一定會正面端看LCD顯示器，有可能在不同的偏斜角度位置觀看，此時，如果LCD的可視角度太小，就不容易看清楚畫面內容。所以可視角度越大，使用者就可以自由地在多角度觀看顯示器。而在CRT顯示器身上，則沒有可視角度的問題。

LCD可視角度分有「水平可視角度」(左右角度之和)與「垂直可視角度」(上下角度之和)。水平角度在160度、垂直角度140度以上，即可應付一般使用時的便利性。目前的產品都在160度170度左右的製造水準。

非可視範圍　　　　　　　　　　　　　　非可視範圍

可視範圍內

▶ 可視角度示意圖。

✪ 視訊連接埠D-Sub、DVI和HDMI

顯示器連接電腦的連接埠有D-Sub、DVI和HDMI三種。D-Sub是類比訊號，是目前最普遍採用的連接方式；DVI(Digital Visual Interface)為數位訊號，顯示卡用數位的方式直接傳到顯示器，畫質比D-Sub來得佳，有越來越普遍的趨勢。

HDMI(High Definition Multimedia Interface)也是數位視訊介面，並且可以同時傳輸數位聲音訊號，如果顯示器有內建喇叭，可以不需要另外連接聲音訊號線，即可透過HDMI(Type A插座)來傳遞。所以選購顯示器，如果預算充足，最好能夠選擇D-Sub和DVI雙介面或HDMI三介面的機種。

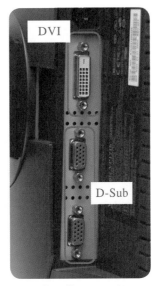

▶ 同時具備D-Sub和DVI雙介面。

✪ 亮點與暗點(壞點)

所謂亮點，就是LCD在顯示暗黑畫面時，有不正常「發亮」的畫素，通常為白色，也有紅色、藍色等其他顏色。至於暗點，則是顯示任何畫面時，都不會正常發光的畫素，看起來是一個黑點。

LCD液晶面板是使用上百萬個畫素所組成，許多顯示器大廠都認為只有3～10個壞點內仍屬良品。壞點並不會影響LCD的正常運作，除非位置在正中央等明顯之處，平常不特別注意其實很難發現。如果深怕買到有壞點的LCD，可以選擇保證無壞點的品牌，但是價格通常會比較貴。

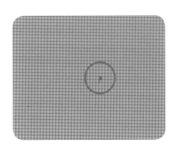

▶ 螢幕的壞點，若數量少還不容易被發現。

✪ 安全規格認證

在電腦顯示器上常常會看到TCO 06和能源之星EnergyStar的貼紙，此代表該顯示器通過安全、省電品質認證，購買TCO 06認證的顯示器，通常在品質都可獲得一些保障。目前最新的是TCO 06，除了對低頻電磁場低輻射、節約能源、人體工學及保護生態(Ecology)有嚴格的規範之外，對顯示器的標準規格也有進一步的規定。

▶ 認證標章代表顯示器安全可靠。

✪ LCD背光模組

LCD背光模組是LCD在畫面顯示時的光源，它會影響LCD的使用壽命、亮度和顯示色彩品質。在目前LCD市場上，主要有使用冷陰極螢光管(Cold cathode fluorescent lamp，CCFL)和發光二極體(Light emitting diode，LED)等兩種類型模組。

CCFL是LCD產品最普遍使用的背光模組，具有壽命長、高輝度、低成本等優點；而LED具有低溫、高亮度和光源均勻等特色，目前是LCD生產廠商的最愛，已逐漸取代CCFL的主流地位，所以選購LCD產品時，可以挑選LED背光模組的產品為優。

✪ 觸控螢幕

觸控螢幕(Touch panel)又稱為觸控面板,使用者可以透過觸控筆或手指直接接觸螢幕表面,控制視窗畫面或功能選項,也可以直接手寫筆跡或輸入文字,最新的Windows 7作業系統的行銷重點,就是可以支援觸控螢幕操作,是未來電腦操作的新趨勢。

觸控螢幕分有「電阻式單點觸控」和「電容式多點觸控」設計。單點觸控是指螢幕只能接受一個點的觸控操作,如果同時以兩個點來觸控操作,會導致無法感應。而多點觸控則是可以接受兩個點或以上的觸控操作,這樣的設計可以讓觸控操作更靈活、彈性,也符合人類的直覺性操作,目前觸控螢幕走向多點觸控,單點觸控逐漸式微。

觸控螢幕其實已經在我們生活周邊,例如:ATM提款機、捷運站購票機、手機或餐廳的點餐機等等。

▶ 觸控螢幕可以讓電腦操作更直覺。

✪ OLED

有機發光顯示器(Organic Light Emitting Display,OLED)是近期顯示器市場中熱門的話題。它與一般的LCD顯示器最大的不同,在於OLED的每個畫素在通電後會自己發光,而LCD必須要有背光模組,這樣一來,OLED的顯示器可以設計得更輕、更薄。除此之外,OLED還具備省電、高亮度、廣視角、低反應時間和大太陽底下也可以清楚顯示等優點,目前有許多手機螢幕和電視機已經使用OLED,相信不久的未來,會取代LCD成為主流。

自我評量

◎ 選擇題

( ) 1. 關於LCD顯示器的敘述，何者有誤？(A)對比越高畫質越好 (B)反應時間越快越好 (C)點距越小越好 (D)可視角度越大，畫質反而越不清晰。

( ) 2. 下列哪一款LCD產品的規格最佳？(A)1000：1、12ms、200cd/m2 (B)2000：1、5ms、300cd/m2 (C)30000：1、5ms、300cd/m2 (D)30000：1、10ms、300cd/m2。

( ) 3. 關於Full HD的敘述，何者有誤？(A)英文為Full High Definition (B)解析度必須要有1920×1080畫素 (C)每個畫面要達到60張 (D)要以交錯掃瞄的方式播放畫面。

( ) 4. 請問亮度(Brightness)的單位為何？(A)dpi/m2 (B)cd/m2 (C)cd/cm2 (D)cd/ms。

( ) 5. 請問哪個是Full HD的畫面比例？(A)16：10 (B)16：9 (C)4：3 (D)以上皆是。

( ) 6. 下列名詞的英文對照何者有誤？(A)對比(Brightness Ratio) (B) 反應時間(Response Time) (C)FULL HD(Full High Definition) (D)HDMI(High Definition Multimedia Interface)。

( ) 7. 對於LCD的敘述，何者錯誤？(A)反應時間太慢，當畫面中有物體高速移動，會產生殘影 (B)LCD和CRT的畫面都是用電子槍掃描出來的 (C)LCD顯示器比CRT顯示器較不具幅射 (D)LCD有少數的壞點、亮點，其實是很正常的。

CHAPTER 11

音效卡

聲音是電腦不可缺少的功能,音效卡可以處理電腦中的任何音訊檔案,並且透過喇叭或耳機發出聲音。當主機板開始內建中、低階的音效功能之後,音效卡市場就急速萎縮,只剩下高階和專業音效卡的產品。

11-1 音效卡的外觀

目前電腦使用的音效卡，可分為獨立音效卡和內建音效功能兩種，我們分別來認識這兩種音效的外觀。

音效卡背板音效輸出入埠(3.5mm)

金手指(PCI或PCI-E x1介面)

▶ 音效卡。

音效晶片

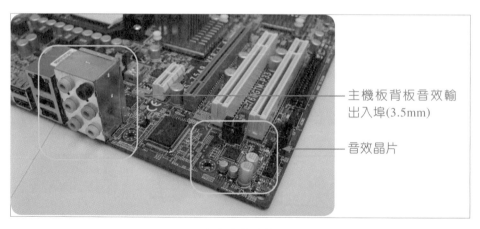

主機板背板音效輸出入埠(3.5mm)

音效晶片

▶ 內建音效功能。

11-2 音效卡的功用

很早期的電腦並不會發出有旋律的聲音，電腦要表達電腦狀態和軟體的聲音效果，都要透過「蜂鳴器」來發出高低頻音，這種聲音既難聽又刺耳。後來推出了「音效卡」，讓電腦聲音有了革命性的改變，可以從電腦中播放「有旋律的聲音」，也就是音樂。

音效卡上有個音效晶片，可以將我們生活中常聽到的原始聲音(Analog Sound，類比音訊)轉換成數位音訊(Digital Sound)，讓電腦可以處理、編輯和儲存成音訊檔案(聲音資訊的檔案)。當然也可以反處理，透過喇叭或耳機發出音樂，一般應用就是播放音樂、看有聲影片、玩電腦遊戲、錄音等。而進階的應用就是聲音格式的轉換、修改、增刪，讓聲音的表現更好或更容易傳播，現在頂尖的音效卡則可以處理更多樣化、細膩和專業的聲音效果。

至於蜂鳴器，直到目前還是存在於每台電腦中，但是只為電腦狀態發出聲音，例如：有些電腦開機時如果電腦自我測試正常，則會發出「嗶」單個短音，就是蜂鳴器所發出的聲音，其他還有零組件裝錯或故障，都會透過蜂鳴器來告知，也是非常重要的工作。

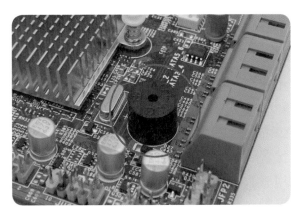

▶ 有些主機板上就有內建蜂鳴器，身負電腦狀態鳴叫告知的功能。

當音效卡成為電腦的重要功能後，市場就出現琳瑯滿目的音效卡產品，就如同現在的顯示卡一樣，也分有許多等級和特殊功能，但是對於一般對音效不挑剔的使用者來說，它只需要基本播放音效功能就好了，不需花太多錢在音效卡上，再加上CPU的效能越來越好，足夠取代音效晶片的運算，因此，於1999年，主機板廠商開始內建音效功能在主機板上，成為現在音效功能的主流。

11-3 獨立音效卡

獨立音效卡可以直接插入電腦的擴充槽中，目前大都使用PCI-E x1介面，僅有少部分舊款音效卡使用PCI介面，如果有內建音效功能的主機板，可以透過BIOS設定關閉。目前推出的獨立音效卡都比內建在主機板上的音效功能等級要好，大都走向高階化、專業化等級，也可藉此區分市場。

獨立音效卡都具有效能強大的音效運算晶片(Audio Processing Unit，APU)和編解碼壓縮晶片(Audio codec chip)，一方面可以獨立處理音訊，不需要透過電腦的CPU協助運算，可以讓CPU能夠有更多的資源處理其他工作，降低電腦系統的負荷。二方面是能夠專業處理更細膩的音效，並且支援許多音效專業領域的技術，例如：杜比數位音效(Dolby Digital Live)、高位元數位類比轉換器、錄音取樣能力、Creative EAX功能、音色庫支援等。會使用獨立音效卡的使用者大都為音樂創作者、遊戲狂熱者、多媒體製作者等。

▶ 獨立音效卡可以提供更專業的音效處理能力，圖為微星的X-Fi音效卡。

11-4 主機板內建音效功能

主機板內建音效功能分別為AC '97和新的HD Audio兩種類型。AC '97已逐漸被HD Audio取代成內建音效功能的主流，它們都不是一張實在的音效卡，只是一個音效標準，主機板上的音效功能屬於中低階等級，剛好符合這些標準規範。

主機板如果有內建音效功能，在主機板背板連接埠上就多了3～6個音效輸出入連接埠，因此，只要看到主機板有音效輸出埠，就代表主機板有內建音效功能，不過現在很少主機板沒有內建音效功能的。

▶ 目前幾乎所有主機板都內建音效功能。

11-4-1 AC '97音效

AC'97(Audio Codec '97)是在1997年由Intel Architecture Lab所推出的音效標準，例如：具有16bit立體聲左、右輸出和輸入、支援電源管理、支援S/PDIF輸出、3D立體聲效等，所有音效功能只要符合這個標準，即可稱為AC '97。

AC'97在主機板上只有一個編解碼壓縮晶片，沒有獨立的APU，音效處理運算必須透過CPU來完成，因此，製造成本可以降低，價格也非常便宜，業界稱為「軟體式的音效功能」。

1999年Intel在新推出的系統晶片組上開始大量採用AC'97，主機板內建音效功能也從此成為常態，讓獨立音效卡市場逐漸式微，從此之後，許多音效卡廠商也逐漸放棄低階音效卡的生產，或朝向更高階的音效卡領域。

CPU分擔AC'97的音效運算工作，對於現今CPU的高速運算效能，並不會拖慢電腦整體效能，AC'97因此普及迅速。然而AC'97雖然具有7.1聲道播放能力，但是在音質上已經慢慢落後家中的劇院音響效果，所以Intel又在2004年推出HD Audio標準取代AC '97，讓音效品質和功能更上層樓。

▶ 在主機板上的AC '97 Audio。

11-4-2　HD Audio

HD Audio(High Definition Audio)意為高傳真音效，比AC'97提升多項音效功能，包括提升傳輸頻寬與分配、統一驅動程式、支援杜比音效(Dolby)和多聲道音頻等，可說是AC'97的加強版，是近年主機板內建音效功能的主流標準。

其中，最重要的變革是具備「多聲道音頻處理（Multi-Streaming)」功能，可以讓電腦同時處理多個通道音效，例如：電腦在播放MP3音樂時，也可以照常使用網路電話功能或玩電腦遊戲等，增加使用電腦的方便性。另外，HD Audio具有192KHz的音質取樣率，加強了音質方面的處理能力，讓聲音聽起來更為純淨。而HD Audio也與AC'97一樣，最高可支援7.1聲道播放。

▶ 在主機板上的HD Audio音效功能。

11-5 音效卡的技術名詞

11-5-1 聲道

音效卡的等級與支援多少聲道(Channel)有密切關係,也是音效卡的規格中最重要的一項。分述如下:

◉ 單聲道:單聲道(Mono)只有一個聲道來呈現聲音,如果使用多個喇叭播放一個聲道的聲音,每個喇叭的聲音都一樣,這種音樂非常單調乏味。

◉ 雙聲道:雙聲道又稱為立體聲(Stereo),由兩個聲音通道發出來的聲音,因此播放時必須要有兩個喇叭。而兩個喇叭各自會有不同的聲音方向和音量,就會讓人聽起來有立體感,就像兩個耳朵能夠辨別聲音方向一樣。

◉ 2.1聲道:這是以雙聲道再延伸的一種播放模式。比雙聲道再加入一個重低音喇叭,加重兩個喇叭的重音不足之處,讓聲音聽起來渾厚有力和具震撼感。

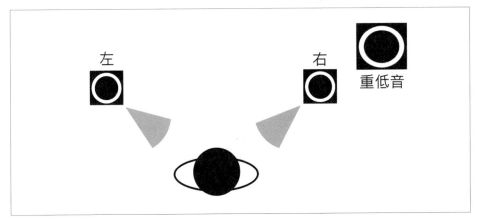

▶ 2.1聲道。

◉ 4.1聲道:就是聲音有四個聲道,在配上一個重低音(有些只有四個喇叭)。讓喇叭能夠環繞在人的前方左右和後方左右等四個位置,可以讓人聽起來就像置身現場一般,例如:玩3D遊戲時,敵人從後面奔跑而來的聲音,就能很快知道遊戲中的任何狀況。

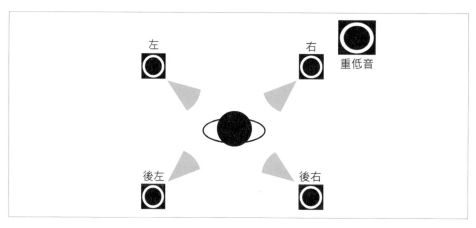

▶ 4.1聲道。

◉ 5.1聲道:從4.1聲道發展而來,多出一個中聲道,放在人的正前方位置(如電視機後面),主要是發出影片中主角的對白、對話,就像人在前方講話一樣。

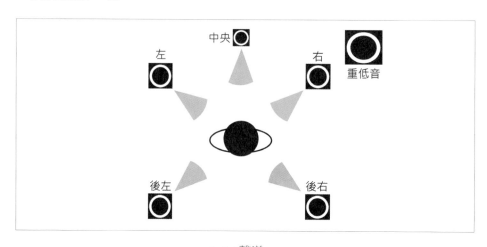

▶ 5.1聲道。

◉ 7.1聲道：從5.1聲道中再擴增中間左右兩邊喇叭，在聲音的方向位置可以有更精確的定位。是目前音效卡中最頂級的聲道模式。

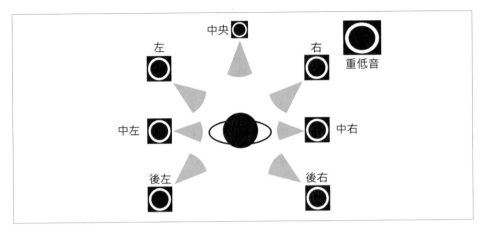

▶ 7.1聲道就差在左右兩個中央喇叭。

11-5-2 取樣頻率

　　聲音都有波段，稱為聲波，將一秒鐘的聲波裡取出多少個點來儲存，其中「多少個」就是「頻率」，取出儲存區塊就是「取樣」，類似將聲波進行「縱向切面」，即為取樣頻率(Sample Rate)，又稱為採樣率。因此，音效卡的取樣率越高，表現在錄音和播放上的音質就越好、聲音就越細膩、越接近原始的聲音。

　　取樣頻率的單位是Hz，如電話聽筒的取樣率是8000Hz(8KHz)、CD是44100Hz(44.1KHz)、專業影音處理為48000Hz(48KHz)、DVD是44100Hz(44.1KHz)等等。

11-5-3 取樣位元數

取樣位元數又稱為音效解析度或取樣解析度(Sample Resolution)。是將聲波的上下振幅進行「橫向切割」取樣，類似對聲波的強弱音變化進行採樣，切割數量是2的n次方，而n為位元數，如8位元就是2的8次方切割取樣。

取樣位元數越高，代表能夠表現越細膩的音質和聲音強弱變化，目前一般品質約為16位元，專業音效處理和DVD品質則為24位元，所以購買支援24位元的音效卡可以有較好的音質，但是價格也較貴。

11-5-4 3D音場環繞

多媒體和遊戲玩家對於音效卡的要求，首先就是3D音場定位的能力。音效卡可以將影片、遊戲中的音效模擬做最佳化，讓3D畫面和聲音相互搭配，讓人有身歷其境的感覺。

品質佳的音效卡，只要透過兩個喇叭或耳機就可以提供環繞音效能力和方向感，如果使用5.1、7.1聲道的喇叭，可以讓環繞音效達到完美。Creative CMSS 3D、Dolby Pro Logic等就是類似的環繞音效技術，有許多高階音效卡有提供這些技術。

▶ Creative CMSS 3D就是環繞音效技術。

11-5-5 S/PDIF數位輸出入介面

　　S/PDIF(Sony/Philips Digital InterFace)意即由Sony與Philips公司一起制定的數位音訊傳輸介面。可以透過S/PDIF傳遞數位音訊到任何一台具有S/PDIF的影音設備，讓聲音可以無失真的傳遞。

　　S/PDIF有光纖線和同軸纜線兩種連接線設計。光纖線使用光為傳遞媒介，具有大頻寬和高速的優點。目前大部分音效卡和主機板內建的音效功能都有提供S/PDIF數位輸出入介面，購買時需稍微注意。

▶ S/PDIF的連接介面。

▶ 光纖線接頭，使用光為傳遞媒介。

◎ 選擇題

( ) 1. 關於音效卡的敘述，何者有誤？(A)可將類比音訊轉成數位音訊 (B)蜂鳴器也屬於音效卡 (C)讓電腦可以創造和修改聲音 (D)可以儲存聲音檔案。

( ) 2. 獨立音效卡不包含下列哪些晶片？(A)音效運算晶片 (B)編解碼壓縮晶片 (C)記憶體晶片 (D)以上皆非。

( ) 3. HD Audio比AC'97好在哪裡？(A)傳輸頻寬 (B)192KHz的音質取樣率 (C)多聲道音頻處理 (D)以上皆是。

( ) 4. 7.1聲道比5.1聲道要多了哪兩個喇叭？(A)左後方和右後方 (B) 中聲道喇叭 (C)中間聲道左右喇叭 (D)前左方和前右方。

( ) 5. 5.1聲道之所以稱為.1是指？(A)中間聲道喇叭 (B)重低音喇叭 (C)中後喇叭 (D)無任何意義。

CHAPTER 12
隨身碟、記憶卡與外接式硬碟

數位時代來臨，不論是工作或娛樂，人們使用電腦已經成為生活的一部分，因此檔案的可攜性就受到重視，隨身碟與外接式硬碟就應運而生，成為電腦市場中熱門的產品，只要花數百元到千元左右，就有一個大容量的儲存媒體，將全部檔案隨身帶著走，只要有電腦的地方就可以使用。

12-1 隨身碟

隨身碟是一種小如手指、重量輕盈、可隨身攜帶的儲存媒體。內部使用快閃記憶體(Flash memory)來儲存資料，斷電後資料依然存在於記憶體中；而外部使用USB 2.0規格的Type-A USB接頭爲介面，支援熱插拔，可以隨時插入電腦的USB埠進行存取，是非常方便的隨身儲存裝置。因此，產品上市後就獲得市場歡迎，並且很快取代過去的軟碟機，成爲記憶體廠商一個重要的產品線。

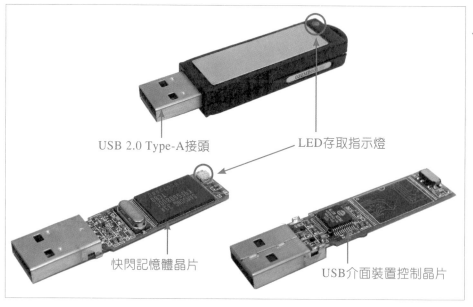

USB 2.0 Type-A接頭　　　　　LED存取指示燈

快閃記憶體晶片　　　　　USB介面裝置控制晶片

▶ 隨身碟的外觀。

隨身碟的容量會受到快閃記憶體晶片的技術發展而受到限制，2010年的隨身碟產品容量最大爲32GB，但是價格較貴。而16GB容量的隨身碟價格約爲一千元出頭，逐漸被消費者接受，市場主流已經慢慢從8GB升級到16GB。

隨身碟是個性化濃厚的電子產品，因此，廠商無不絞盡腦汁開發各種千奇百怪的造型來吸引消費者注意，例如：有卡通人物造型、時尚造型、名片造型等，所以在市場上可以發現各種頗具特色的隨身碟產品。

▶ Philips與Swarovski推出的「USB Happy Laura」隨身碟，容量2GB(資料來源：http://www.philips.es)。

　　此外，同樣使用快閃記憶體的「記憶卡」，因為體積尺寸越縮越小，也成為容易攜帶的儲存媒體，因此，常被開發廠商搭配小巧的「讀卡機」一起銷售，成為另一種樣式的隨身碟，與傳統的隨身碟相比，除了記憶卡可以被抽換分離，在價格上也稍微貴了一些。

▶ 將記憶卡與讀卡機相搭配，也可以成為方便的隨身碟。

12-2 記憶卡

　　記憶卡已和我們的生活緊緊連接在一起，舉凡手機、數位相機、隨身聽、PDA、小型攝影機、衛星導航機等，都需要記憶卡來記錄照片、音樂、影片、地圖和檔案資料，應用非常廣泛。

　　記憶卡和隨身碟一樣，內部都是使用快閃記憶體晶片(Flash memory)，可以重複讀寫，斷電後資料還是存在於記憶體中。記憶卡使用塑膠外殼，並依照不同的品牌或用途設計成各種不同的記憶卡規格，目前市面上包括有CompactFlash(CF)、Memory Stick(MS)系列、Secure Digital(SD/SDHC)、miniSD、microSD(TransFlash)、MultiMedia卡(MMC)、Extreme Digital-Picture Card(XDPC)等，各種數位器材會依照特性使用不同規格的記憶卡。

MS　　　　　SD　　　　　CF

▶ 記憶卡有CF、SD和MS等不同規格。

　　有的記憶卡非常迷你，例如：microSD以及Memory Stick的M2卡，尺寸比小拇指頭還要小，主要應用在手機、PDA等小體積的數位器材。

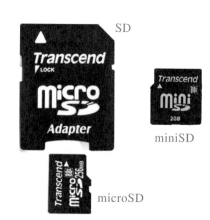

SD

miniSD

microSD

知識補充　MicroDrive 微型硬碟機

它是一個類似縮小的硬碟機，有磁盤和讀寫頭，外型與CF記憶卡規格相容，但是以厚度較厚的Type II規格為主(Type I為記憶卡常用，厚度較薄)，是非常精密的硬碟機。它的推出視CF記憶卡為競爭者，有大容量的優勢，但是也有耗電、易發熱、不耐摔等劣勢。

早期行動裝置如手機、MP3隨身聽、小型多媒體播放器等都是使用MicroDrive。

▶ 非常精密的MicroDrive微型硬碟機。(圖片來源：HITACHI網站)

▶ CF Type II(左圖) 比Type I (右圖)厚度較厚。

12-3 外接式硬碟機

記憶卡儲存容量受到快閃記憶體晶片技術發展的限制，所以並不能如硬碟機動輒數百GB的容量，對需要隨身儲存大容量資料的使用者來說，就會考慮外接式硬碟機產品。另一方面，對於不喜歡拆裝電腦的人，使用外接式硬碟機來擴充電腦容量，也是一個方便又容易的解決方案。

12-3-1 外接式硬碟機的種類

外接式硬碟機依照使用的硬碟機不同，有3.5吋、2.5吋和1.8吋三種產品類型。

✪ 3.5吋外接式硬碟機

3.5吋外接式硬碟機內部使用3.5吋SATA硬碟機，與一般內接在電腦中使用的硬碟相同，具有轉速高、緩衝記憶體容量大等優點，所以存取效能較好，但體積大、重量重是其缺點，使用時又必須外接變壓器電源，因此不方便攜帶，適合用在擴充電腦容量之用。

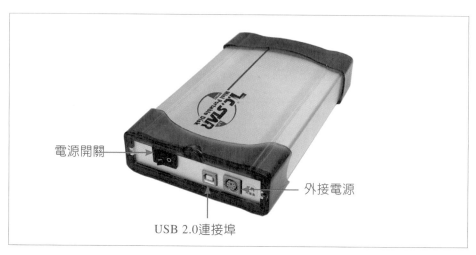

電源開關

外接電源

USB 2.0連接埠

▶ 3.5吋外接式硬碟機的外觀。

外殼使用金屬或塑膠，並且加入防震和散熱設計，底部設計有特製腳座，便利桌上擺放。連接介面使用USB2.0、eSATA或IEEE1394三種，產品價格越高，所提供的連接介面就越多種。目前市面上最多使用的是單USB 2.0介面的產品，而USB 2.0和eSATA的雙重介面產品也不在少數。至於IEEE1394介面的產品並不多，因為電腦需要具備IEEE1394連接埠，使用上並不方便，但是也有三種介面同時具備的外接式硬碟機。

在容量方面，3.5吋外接式硬碟機的容量會受到SATA硬碟機的技術發展而限制，目前產品最大容量已經達到1TB以上，但是價格非常貴，主流產品大約為500～640GB左右容量。

✪ 2.5吋外接式硬碟機

2.5吋外接式硬碟機內部使用2.5吋硬碟機或SSD固態硬碟機，與筆記型電腦所使用的硬碟機相同，具有體積小、重量輕、耐震設計佳和低產熱量等優點，而且只需USB 2.0來供電(有些產品附有一條USB線含有兩個插頭，使用時必須要插電腦上兩個USB埠，一個供電以確保電力穩定)，不需要另外攜帶變壓器，因此，2.5吋外接式硬碟機是最適合攜帶了，所以市場上又稱「行動硬碟」。

讀寫指示燈

USB 2.0連接埠

▶ 2.5吋外接式硬碟機的外觀。

外殼也是使用金屬或塑膠，但是因為硬碟機的輕薄特性，所以外殼設計都朝向輕量、扁薄和個性化為主，以增加商品賣點。而連接介面則是使用USB2.0為主，eSATA和IEEE1394則相當稀少。

至於容量方面，2.5吋外接式硬碟機的容量也是會受到硬碟機的技術發展而限制，目前產品最大容量比3.5吋硬碟機略小，大約在750GB左右，主流產品大約在320～500GB容量。而使用SSD固態硬碟機，最大容量則為256GB，但是價格非常昂貴，主流產品約為64GB。

✪ 1.8吋外接式硬碟機

1.8吋的外接式硬碟機是最新推出的產品，內部裝載1.8吋、4200轉速的硬碟機，原本是應用在小型行動裝置領域，因為體積只有2.5吋硬碟的一半左右，而且還具備耐震設計，用來當作攜帶式硬碟機是非常合適。使用USB 2.0的連接介面與供電，不需要另外攜帶變壓器。

▶ 創見的1.8吋外接式硬碟機。(圖片來源：創見網站)

在容量方面，因為1.8吋硬碟機的機構設計較小，最大容量只有120GB，小於2.5吋和3.5吋硬碟機的容量非常多，而且主流60GB容量的價格上也貴上一倍以上。

所以綜合比較起來，2.5吋外接式硬碟機在價格、容量和重量方面，對於攜帶儲存裝置來說，是比較好的選擇。

12-3-2 硬碟外接盒

在市場上除了有已裝入硬碟的外接式硬碟機產品之外，也有提供沒有安裝硬碟的「外接盒」產品，消費者必須要另外購買硬碟機來DIY自己安裝，連接介面使用USB2.0、eSATA或IEEE1394三種，產品價格越高，所提供的連接介面就越多種。

硬碟外接盒的優點是可以自由選擇不同容量的硬碟，並且隨時拆換硬碟機。雖然價格上和已裝好硬碟的外接盒產品並沒有很大的差異，但缺點是可能有安裝和功能性的問題，整體妥善性並不是非常好，例如：有部分外接盒並不會偵測電腦關機後自動切斷硬碟機電源，造成電力浪費的問題。因此，如果沒有其他需求，建議購買已裝入硬碟、具有品牌的外接式硬碟機。

▶ 2.5吋的硬碟外接盒，使用時可以依照需求購買硬碟機安裝。

自我評量

◎ 選擇題

( ) 1. 以下何種連接介面不曾出現在外接式硬碟機上？(A)USB 2.0 (B)SATA (C)IEEE1394 (D)eSATA。

( ) 2. 最新的1.8吋硬碟機，轉速為多少轉？(A)4200 (B)5400 (C)7200 (D)15000。

( ) 3. 隨身碟是使用什麼記憶體類型？(A)快閃記憶體 (B)唯讀記憶體 (C)隨機存取記憶體 (D)快取記憶體。

( ) 4. TransFlash記憶卡別稱是？(A)CompactFlash (B)Memory Stick (C)microSD (D)MultiMedia。

( ) 5. 下列哪個不是外接式儲存裝置使用的連接介面？(A)USB 2.0 (B)eSATA (C)IDE (D)IEEE1394。

◎ 問答題

1. 請問現在有哪幾種尺寸的外接式硬碟機？

_____

_____

_____

2. 請任意寫出記憶卡類型中的5種。

_____

_____

_____

CHAPTER 13
喇叭、麥克風與網路攝影機

電腦功能越來越強大，逐漸講究極致的多媒體影音效果與功能。所以要讓電腦能夠處理影音訊息，必須要藉助喇叭、麥克風與網路攝影機(Webcam)來完成。

13-1 喇叭

　　喇叭是將電腦的數位聲音訊號轉成人耳可以聽到的實際聲音。使用者可以透過喇叭產生的聲音，來辨識電腦狀態或享受多媒體影音。早期的電腦音效卡並不強，喇叭是相當陽春的，無法產生很棒的音質，所以喇叭只要可以發聲即可。

　　拜電腦科技突飛猛進，加上人們對電腦的影音品質有極高的要求，因此推出了2.1聲道、5.1聲道甚至現在最頂級的7.1聲道，並搭配杜比音效，能夠播放身歷其境的環繞音效，無論利用電腦來看電影或玩電腦遊戲，都是相當棒的影音享受。

13-1-1 2.1聲道重低音喇叭

　　所謂的2.1聲道喇叭，就是除了左右兩個喇叭之外，又多了一個「重低音喇叭」(Subwoofer)，可以產生渾厚的低音，和具震撼力的響音。

　　2.1聲道重低音喇叭是市場上反應極佳的產品類型，除了有極佳的音效外，價格便宜又容易安裝，深受高中低各階層喜愛。

▶ 經濟又兼具好音質的2.1聲道重低音喇叭。圖為Logitech Z523與Creative I-Trigue 3220。

13-1-2 4.1/5.1聲道重低音喇叭

有鑑於2.1聲道喇叭不能提供後方的聲音，無法產生3D環繞音效，因此4.1/5.1聲道重低音喇叭就成為玩家的最愛了，可以在打遊戲時感應到後方有敵人出現，或看電影時也會感覺後方也有音效傳出，享受身歷其境的立體聲。

4.1聲道重低音喇叭提供了前方左右與後方左右等4個喇叭，以及1個重低音喇叭。而5.1聲道重低音喇叭則是比4.1聲道還要多一個前方中間聲道，可以在看電影時，發出主角的對話人聲。

不過，要使用4.1/5.1聲道重低音喇叭，電腦的音效功能也要支援才行，最好是有支援杜比(Dolby)、DTS等環繞效果，否則可能使用模擬的4.1/5.1聲道，甚至後方喇叭都不會有聲音，不能享受真正的環繞音效喔。

▶ 享受身歷其境，選擇4.1/5.1聲道重低音喇叭就沒錯了。圖為Logitech G51與Creative Inspire T6060。

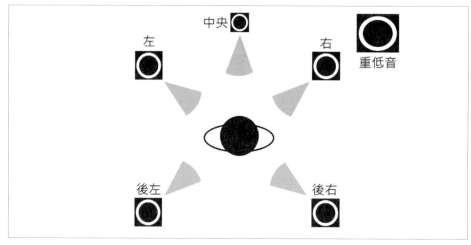

▶ 4.1/5.1聲道的佈置圖。

13-1-3 7.1聲道重低音喇叭

　　如果是個超級音樂迷，或電腦遊戲狂人，那就不能錯過「7.1聲道重低音喇叭」帶來的頂級環繞音效。它是比5.1聲道還要多了左右兩個中置喇叭，也就是放在聆聽者的左右兩邊，可以提供最高品質立體音效，實現家庭劇院的夢想。可是，7.1聲道重低音喇叭相當佔空間，必須要有個大的環境空間才可以擺放。

▶ 要打造家庭劇院，少了7.1聲道就遜色了。圖為Creative Inspire T7900。

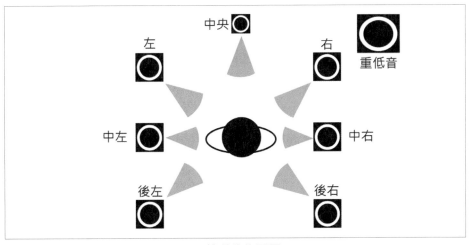

▶ 7.1聲道的佈置圖。

13-2 麥克風

　　電腦的音效卡必須要透過「麥克風」將人和環境的類比聲音轉換為數位訊號，才能夠儲存與傳遞。因此，想要利用MSN、Skype在網際網路上和朋友通話聊天，就必須要裝一支麥克風。

　　麥克風有許多種類，包括「獨立式麥克風」、「耳機麥克風」、「視訊攝影機內建麥克風」等，使用者可以自己視需求和習慣選擇一個好用的。

▶ 與耳機合在一起的
耳機麥克風，俗稱
「耳麥」。

▶ 獨立的麥克風最簡
單、便宜。

13-3 網路攝影機

拜網際網路發達，人與人之間的溝通，除了使用文字聊天之外，只要透過視訊攝影機(Webcam)，也可以即時看到對方，若搭配麥克風，就能達到「影音電話」了，是近幾年最熱門的網路產品。

網路攝影機是以視訊鏡頭的「解析度(畫素)」來區分等級。最低等級的是30萬畫素，最好的可達200萬畫素。解析度越高，畫面越細緻、畫質越好。不過有時會受到軟體或網路頻寬的限制，而且，不夠高畫素的攝影機傳遞高品質的畫面，僅能以較低解析度傳輸，所以購買時可以查看自家的網路環境(使用130萬畫素時，網路的上傳速率需高於256kbps)，再來考量購買哪種等級的攝影機。

在功能性方面，網路攝影機除了可以攝影之外，也有包含「麥克風」、「夜光照明」，甚至還有「自動對焦」和「追蹤人像」功能，如果預算足夠，又常使用的話，不妨選擇功能好一點的攝影機。

▶ 具有夜光功能的攝影機。

▶ 賣得相當好的羅技(Logitech)網路攝影機。

▶ 具備「自動調整」和「追蹤人像」的網路攝影機。

自我評量

◎ 選擇題

(　　) 1. 網路攝影機的等級是以什麼數據來判斷？(A)價格 (B)解析度 (C)音質 (D)色彩數量。

(　　) 2. 想要看電影時發出前方中間聲道和重低音，下列哪個喇叭不能買？(A)4.1聲道 (B)5.1聲道 (C)7.1聲道 (D)以上都不能買。

(　　) 3. 要跟國外的朋友以網路視訊聊天，下列哪個產品用不上？(A)麥克風 (B)視訊攝影機 (C)網路卡 (D)大容量的硬碟。

(　　) 4. 使用高解析度的網路攝影機，也要讓網路上的對方看到一樣的畫質，必須要注意什麼？(A)對方也是使用跟我一樣的網路攝影機 (B)螢幕解析度要夠好 (C)網路上傳頻寬要夠大 (D)電腦等級要夠好。

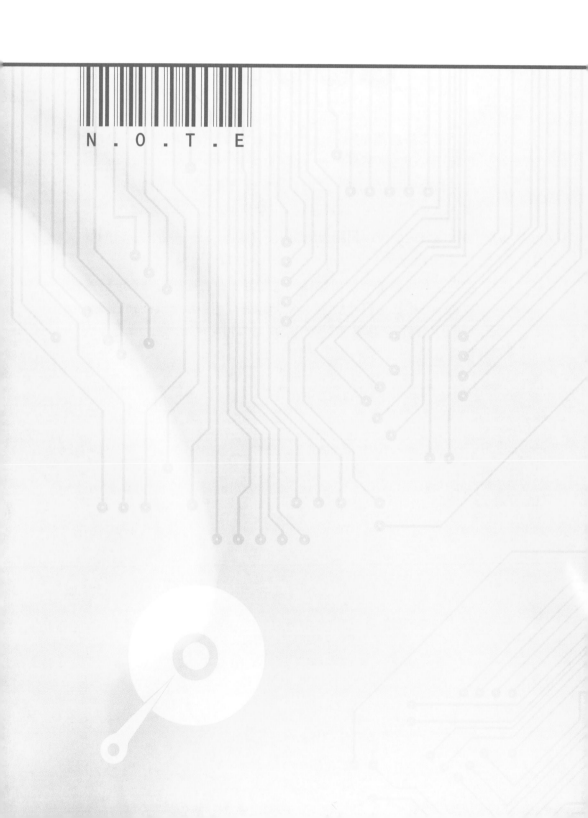

N.O.T.E

CHAPTER 14
零組件選購建議與規劃

購買電腦前必須要經過審慎的評估和規劃，本章將提供各位如何計畫和挑選適合的零組件，並且注意的重點規格，組裝最喜歡、最合適的電腦。

14-1 零組件選購建議

買電腦並不是一頭栽進電腦賣場，買買組件就了事了，需要妥善的規劃，才可以將錢花在刀口上，又能買到自己想要的等級和功能。我們先來瞭解各零組件的採購重點。

14-1-1 CPU採購考量點

CPU的效能好壞，影響到整部電腦的執行效率。那該如何買一個適合的CPU呢？

✪ 從買電腦做什麼開始

如果想要組裝一部電腦，必須要先問要做什麼？我們整理了低中高三種類型，透過用途，就可以大致瞭解自己需要多快的電腦，選擇哪種等級的CPU。

用途		對應CPU	
		Intel	AMD
低階	上網、文書處理、初階影像處理、影音播放、初階電腦遊戲	Celeron DC Pentium DC Core i3	Sempron Athlon II
中階	程式設計、影像編輯、初階影片剪輯、3D電腦遊戲	Core i3/i5 Core 2 Duo/Quad	Athlon II
高階	多媒體創作、3D影像創作、專業影像編輯、影片剪輯、音樂編輯、狂熱3D電腦遊戲	Core i5/i7 Core 2 Extreme	Athlon II Phenom II
頂級	個人工作站、剪接台、狂熱3D電腦遊戲	Core i7 (LGA1366)	Phenom II

✪ 雙核心還是四核心？

　　在理論上，四核心一定會比雙核心CPU的效能還要來得高，但是必須要搭配「支援四核心的應用軟體」，才可以發揮四核心的真正效能。但是現今應用軟體與電腦遊戲，幾乎八成都支援單核心或雙核心(軟體全面支援四核心仍須一段時間)，如果四核心的核心時脈比雙核心的核心時脈低，在軟體無法使用四核心運算下，效能還會比雙核心CPU還要差，多花的錢都浪費掉了。

　　所以，在四核心CPU仍處高價的時候，想要省一點錢又能獲得較好的效能，購買雙核心的CPU就相當經濟實惠。

▶ 四核心的CPU還算高價，且現在軟體支援性不多，雙核心CPU較為經濟實惠，又不浪費。

✪ 該買多高的時脈？

　　CPU採購需要考量三個經濟重點，「預算」、「抗跌性」和「價格效能比」，符合三個要件，就可以買到最適合自己的CPU等級。

　　根據筆者觀察，價格2000～4000元區間的CPU時脈等級，最能兼顧時脈效能優異、抗跌性和擁有極佳的價格效能比。如果不是單一追求極致效能的電腦玩家，透過這個區間購買的CPU，是最經濟實惠、最經得起市場價格考驗。

◀)) 知識補充　價格效能比計算公式

價格效能比 = 效能 ÷ 價格

1. CPU效能來源：各電腦雜誌或網站查詢測試效能，如PCMark(電腦效能測試軟體)。
2. CPU價格來源：賣場的報價單或各電腦網站的報價。

✪ 該選Intel還是AMD？

CPU品牌的選擇，通常是經過每個人長久使用的喜好來決定。不過，如果仔細研究Intel和AMD CPU的特性，就可以針對自己需求來選擇適合的品牌。

Intel長久以來是以「穩定」著稱，如果常常應用在文書處理、程式撰寫、多媒體應用等方面，則Intel是個合宜的選擇。如果使用者玩電腦遊戲的時間較多，AMD的CPU對3D圖形、浮點運算有傑出的表現，是不錯的選擇方向。

▶ Intel還是AMD？

✪ 盒裝還是散裝CPU？

盒裝的CPU是原廠經過層層的測試，才推出的正式版本，且來源管道正常，並且提供原廠CPU風扇，散熱效果已經過認證，產品保固年限也較長，購買盒裝產品較有保障。

散裝CPU則恰巧相反，常常會遇到測試版本的CPU(例如：E0版本)，沒有通過多項穩定測試，來源管道也可能不明，產品保固都是透過店家獨自擔保，保障性較差，雖然價格較為低廉，不過沒有提供CPU風扇，需要另外購買，價格在數百元甚至上千元，加起來也與盒裝的價格相差無幾。所以建議購買盒裝版本的CPU較佳。

▶ 盒裝處理器有較好的保固，並且提供原廠CPU風扇。

14-1-2 主機板採購考量點

主機板結合了許多功能,也攸關未來電腦升級的能力,而面對市場上琳瑯滿目的主機板,價格有高貴有低廉,該如何選擇?我們整理幾個需要考量的項目。

▶ 在主機板外盒上,就可以看到一些規格,不過還是要詢問店員一下比較保險(圖片來源:msi網站)。

✪ 決定想要的功能

主機板內建有許多功能,包括CPU擴充性、記憶體擴充性、顯示卡擴充性、音效等級、連接埠多寡和晶片組效能。從這幾個點來考量,就很容易找到自己想要的主機板。

✪ CPU擴充性

可查詢系統晶片組規格,能夠支援多少等級的CPU,且支援比自己欲買的CPU等級還要高的規格,保障未來擴充性。

✪ 記憶體擴充性

記憶體DIMM插槽越多,擴充性越好,且可以注意晶片組能夠支援多大容量的記憶體。

✪ 顯示卡擴充性

如果未來有考慮使用SLI/CrossFire功能,就必須考慮購買支援兩條以上PCI-E顯示插槽的主機板,否則選擇單條PCI-E x16即可。

✪ 介面卡的擴充性

考量購買電腦後,還需要增添哪些功能?因為都需要透過PCI、PCI-E x1介面卡來擴充,因此,需要考慮介面卡擴充槽的數量和類型。

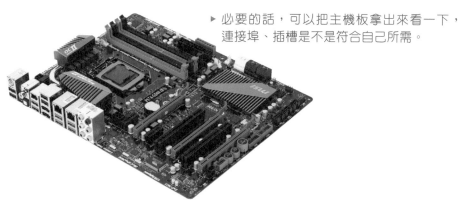

▶ 必要的話,可以把主機板拿出來看一下,連接埠、插槽是不是符合自己所需。

✪ 音效等級

現在音效功能都內建於主機板,最基本都提供7.1聲道之外,還要察看主機板廠商是否使用HD Audio或更好的音效功能。部分高階的主機板還另附知名的音效卡,如微星的高階主機板都採用X-Fi音效卡,提供音質更佳、多音場、多聲道等功能。

✪ 連接埠多寡

基本上已經提供網路埠、USB2.0、IEEE1394等連接埠,可考量自身需求,增加更多數量和種類,如雙網路埠功能、12個USB連接埠數量和提供IEEE1394規格等。

▶ 連接埠當然越多越好,可以連接更多的周邊設備。

✪ 晶片組效能

使用相同的CPU、記憶體、硬碟等組件，搭配各種系統晶片組或主機板，運算的效能會稍有不同。不過一般的使用者感覺不出來，如果很在意整體效能，建議購買CPU和晶片組都是相同廠牌的搭配，如Intel Core i5搭配P55晶片組；另外也可以注意電腦雜誌或相關網站的測試效能數據來比較。

✪ 考量內建顯示功能

有部分主機板內建顯示功能，可以讓使用者省下購買顯示卡的費用。不過，這類顯示功能的效能不高，對於一般2D顯示相當足夠，若要進行中高階3D遊戲，可能會稍有吃力。

此外，它的顯示記憶體是借用系統記憶體的容量，所以若發現記憶體容量變少了，其實是被顯示功能借走了。如果本身不玩遊戲，可以考慮此類主機板，如果會玩遊戲，最好是另外購買獨立顯示卡較佳。(其實內建顯示的主機板，大都留有顯示卡插槽，若內建顯示的效能不夠用，可以在日後購買顯示卡來安裝使用。)

✪ 廠商的設計特色

主機板有許多廠商生產，為了凸顯產品競爭力，都會設計許多獨家功能，例如：技嘉的2盎司純銅電路板、微星的OC Genie一秒超頻功能和DrMOS等，配備這些功能似乎對產品價格只有微量的影響，所以不妨也納入考量，查詢其功能是否自己有需要。

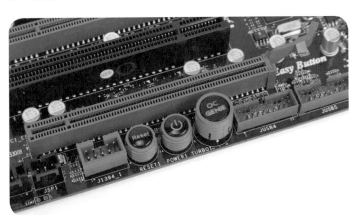

▶ 廠商的設計特色也可納入考量。圖為微星的OC Genie一秒超頻功能。

14-1-3 硬碟採購考量點

採購SATA硬碟需要注意的地方也很多，我們列出幾項原則：

▶ 從硬碟的盒子上，可以很容易看到採購的幾個重點。

✪ 可儲存容量

依照自己對電腦的主要用途來選擇適當的容量。如果常用於文書處理、上網、遊戲等工作，約160GB就相當夠用了。若有進行影片剪輯、3D繪圖等工作，則需要320GB～640GB才夠用。容量越大，當然價格越貴，但是常常發現容量相差160GB甚至0.5倍的容量，價格差距卻只有幾百元，此時若預算許可，不妨選擇大容量的硬碟，會比較划算。

✪ 硬碟轉速

硬碟的轉速快慢攸關電腦的存取效能，轉速越快越好，市場主流規格是7200轉，是最經濟實惠的等級。如果想要更好的效能，可以選擇10000轉的高階等級，當然價格會貴很多。

✪ 緩衝區大小

大容量的緩衝區(Buffer)，可以提升硬碟的存取效能。目前3.5吋SATA規格的硬碟則內建16MB～32MB。目前也有很多庫存品是16MB，價格若差距在兩三百元，建議選擇大容量的規格。

✪ SSD還是傳統硬碟

目前硬碟機有SSD固態硬碟機的類型，但是價格都比傳統硬碟機要貴上二倍甚至三倍，雖然它具有高效能與高安全性，在「價格性能比」並不好。也有許多使用者買來當作安裝作業系統的主磁碟機，讓電腦開關機效能提升，儲存資料使用傳統硬碟機，如果預算上寬裕的話，不妨可以如法炮製。

✪ 如何花最少錢得到最大容量？

硬碟的容量和價格是相對的，容量越大，價格也會越貴，但是硬碟有許多品牌，在品質差異不大的情況，容量與價格就是選購硬碟最斤斤計較的。

在選購時，可以將「價格」除以「容量GB數」，例如：A硬碟價格為1,950元可以買到640GB，B硬碟為2,550元可以買到1TB硬碟，A硬碟的每GB單位價格是3.04元，B硬碟為2.55元，很明顯的購買B硬碟較為划算。

> 每GB單位價格 = 價格 ÷ 容量(GB單位)
>
> ※單位價格越低，該硬碟越便宜。

✪ 保固期

一般硬碟機都會提供保固期和保證期，兩者的服務並不相同。

1. 保固期：是保固期間內完全免費維修或更換良品。

2. 保證期(保修期)：是保證提供維修服務，或協助送修服務，但是需要自費或更換良品的服務(對消費者的意義不大)。

保證期(保修期)的意義是原廠會斟酌是否維修，因為硬碟機的產品週期很短，可能會發生沒有零件或維修費比新購品還高的情形。

每個廠牌所提供的保固期都不同，所以在購買硬碟機時，建議挑選保固期較長的廠商較優。

14-1-4 記憶體採購考量點

記憶體的效能會直接影響到電腦效能,而品質優劣則是直接影響電腦穩定性。目前市面上有很多記憶體品牌,最好選擇知名大廠的品牌,切勿省小錢而造成系統不穩定。

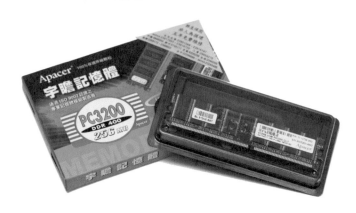

▶ 有品牌的記憶體,都會有良好包裝。

☆ 選DDR2還是DDR3

當選定CPU和主機板之時,它們就已經決定使用DDR2還是DDR3了,可以查看主機板的規格即可瞭解,兩種記憶體的插槽不同,是無法混用的。不過,從Intel和AMD的發展來看,DDR3已漸成為主流,因此在選擇CPU和主機板時,不妨就購買支援DDR3的組合。

☆ 記憶體數量要依據記憶體通道數購買

目前主機板都是雙通道或三通道記憶體。因此,必須購買兩條或三條相同容量、相同時脈、相同廠牌的記憶體,就可以正常啟動雙通道或三通道記憶體功能,否則會只有單通道運作,效能會大大降低。

▶ 依據記憶體通道數購買多
條記憶體時，記得要確認
廠牌和規格要相同。

✪ 該買哪個時脈等級

　　主機板已經決定使用某個等級的記憶體，使用者務必要遵照規定的
規格來購買。例如：主機板最高支援到DDR3-1600等級，使用者能買的
最高等級也是DDR3-1600；或者向下相容，購買效能較慢的DDR3-1333
等。如果購買更高的DDR3-2000規格，電腦系統也只會用DDR3-1600的
相同時脈來運作，形成不必要的浪費。

✪ 多大容量才夠

　　記憶體容量當然是多多益善，最低階的Windows XP作業系統最少
要512MB以上、Windows Vista需要512MB或1GB以上、Windows 7需要
1GB以上才有順暢的執行效率。目前記憶體不算貴，建議可以購買2～
4GB等級。不過在32位元作業系統中，記憶體容量若超過了4GB(應為
3.5GB)，多出來的容量所獲得的效益不大，所以不要超過即可(64位元
系統可以突破4GB限制)。

14-1-5 顯示卡採購考量點

　　顯示卡會直接影響到3D顯示的效能。如果喜歡玩3D遊戲的玩家，
需要多花一些錢在這個零組件上；如果不常接觸，就可以選擇主機板內
建或1000元左右的低階、便宜的顯示卡即可。

✪ 適用哪個等級？

顯示卡有便宜的數百元，貴的數萬元不等，等級相當多，自己到底買哪一種顯示卡才適用愉快，的確很難選擇。目前顯示卡市場雖然是用「效能」和「顯示晶片」來分等級，可是對電腦組裝的初學者來說還是太難，必須要找到「效能數據」還要「研究晶片功能」。

顯示卡的「價格級距」也是區分顯示卡等級的直接方法。因此，筆者提供一個自身小小的經驗，建立以下表格，供學生們參考：

❏ 顯示卡採購建議表

	對3D的狂熱度	價格級距
低階	電腦用於文書處理、上網、影像處理等最多，且偶爾玩初階的2D或3D電腦遊戲，娛樂大於畫面品質要求。	內建顯示、數百元～2000元左右
中階	僅有假日會執行3D電腦遊戲，對畫面品質有部分要求。	3000～5000元左右
高階	經常性執行3D電腦遊戲，視為生活的一部分，並且講究畫面品質和流暢性，但是些微的延遲還可以忍受。	6000～9000元左右
頂級	電腦遊戲狂熱份子，已經是「遊戲達人」等級，無法忍受遊戲畫面絲毫瑕疵，習慣3D特效全開	10000～數萬元以上

✪ DirectX 11必選

DirectX是微軟公司針對多媒體所推出的程式介面，其中具有3D畫面的增強效果，11則是最新的版本，許多遊戲的功能都需要透過DirectX 11才可以正常呈現，因此一定要注意是否支援DirectX 11。

✪ 需要SLI/CrossFire嗎？

SLI和CrossFire是顯示卡連結技術，可以在一台電腦上連接2片顯示卡，可以倍增3D顯示的效能，如果喜歡玩3D遊戲，不妨考慮這項功能，否則只要選擇一張顯示卡即可。不過，若考慮未來的升級空間，可以購買具有2個PCI-E x16顯示插槽的主機板，未來升級時只要再購買一張一樣的顯示卡就可以提升效能(若時間久遠，相同的顯示卡可能停產)，但是顯示卡本身也必須要支援SLI/CrossFire功能。

▶ 多顯示卡技術價格貴，非玩家級還是不要考慮。

✪ 附加功能

部分廠商將電視卡、影像擷取、雙螢幕輸出等功能內建到顯示卡裡，在購買時可以考量自身需求，是否要購買此類顯示卡，當然價格會比較昂貴。

14-1-6 音效卡的採購考量點

現在幾乎所有主機板都有內建音效功能，如果沒有特殊用途，其實內建的HD Audio音效功能已經足夠應付所需了，如果還是覺得音質不夠好，或者有其他需求，例如：重度的遊戲愛好者、專業的音效編輯等等，就必須要買一張音效卡。

✪ 等級高於HD Audio才有採購價值

購買音效卡，規格上一定要高於內建音效功能，才有花錢的價值。例如：必須要支援8個192 KHz/32位元音質聲道、Dolby的環繞音效技術、增強語音訊號的品質技術等技術以上，都是另外購買音效卡的考量。

✪ 專業專用

音效卡廠商都會為各種不同用途，專門設計適合的音效卡，例如：遊戲、音樂與電影、專業音樂等。將各種專業需求凸顯出來，例如：提供訊噪比高達116dB的數位對類比轉換器，以應用在專業音樂的領域。

✪ 各家音效卡廠商的獨家特色

以Creative為例，它具備有多項獨家技術，如EAX® 5.0環境音效、Creative Alchemy、3D音場定位技術、X-Fi I/O Drive外接裝置等，都是為遊戲玩家和多媒體應用所設計，使用者可以以本身需求考量添購。

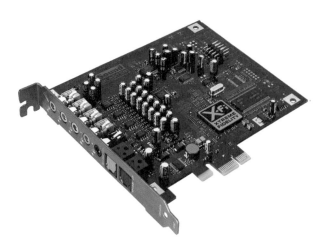

▶ 專業的音效卡，價格不低，最好以本身需求的領域選購。

14-1-7 光碟機的採購考量點

　　光碟機是電腦必備的設備,現在光碟機價格都相當便宜,燒錄機與唯讀光碟機僅相差數百元,因此,推薦購買DVD燒錄機,價格都在1000～1500元左右,是最划算的。如果預算眞的很吃緊,選擇COMBO機,可以讀取CD和DVD,是另一項不錯的選擇。

　　至於藍光光碟的支援方面,目前唯讀光碟機搭配DVD燒錄器的機種,價格在3500～6000元不等,價格非常貴,如果沒有看藍光光碟的習慣,可以不需要購買這類光碟機,等未來價格下降之後再進場購買。

　　此外,在選購時,需要注意讀取與燒錄的倍數,越新款的光碟機或燒錄機,倍數越高速度越快,因此,盡量以最新款爲主要考量。不過,新機種會比較貴一些。

▶ DVD燒錄器是最佳選擇。

14-1-8 LCD顯示器的採購考量點

　　有一個清晰、明亮又看起來舒服的顯示器,可以在使用電腦時,獲得最好的工作效率和心情。因此,務必要使用者親自選擇一款適合的顯示器。

▶ LCD顯示器是省空間、低輻射的首選。

✪ 尺寸該多大？

大畫面能有絕佳的視覺效果，寬廣的視窗工作空間，因此，建議選擇市場主流的尺寸。目前市面上以19～24吋的LCD為主要產品，22吋則是兼顧經濟與大畫面的產品，是不錯的選擇。

另外要注意的是，選擇大尺寸螢幕必須要考量到顯示卡的3D運算效能。因為大尺寸螢幕解析度例如1600×1200～1920×1080畫素，會加重3D遊戲的場景運算負荷，如果升級螢幕卻沒有升級顯示卡，會發現顯示卡的效能變慢了，所以買前也要斟酌一下。

✪ 請選擇LED背光模組產品

LCD的背光模組有冷陰極螢光燈管(CCFL)和LED兩種，目前逐漸以LED為主流，可以提供更亮的亮度、鮮明飽和的色彩、熱度低和省電，所以選擇時要先詢問使用何種背光模組。

✪ 注意產品規格

選擇時要注意顯示器的「亮度」、「對比」、「反應時間」、「可視角度」、「解析度」和「視訊連接埠種類」，以下是我們建議的規格。

◉ 亮度：越大越好(大約300cd/m2已經相當足夠了)。

◉ 對比：越大越好，但是要注意的是必須同時參考「靜態對比」和「動態對比」，因為「高動態對比」是自動調整背光亮度功能，使對比提高，雖然在使用上是否具有意義，各產品間各有說法，但是「靜態對比」的購買指標高於「高動態對比」(例如1萬：1或5萬：1)，而靜態對比目前主流約為1000：1～2000：1為優。

◉ 反應時間：數字越小越好(越低越好，目前約為5毫秒內)。

◉ 解析度：越大越好(建議能購買Full HD規格)。

◉ 可視角度：角度越大越好(垂直、水平必須達到140度以上)。

⊙ 視訊連接埠種類：可看顯示卡支援的程度購買(最好買具有DVI與 D-Sub雙介面機種，但是價格有差異)。

✪ 壞(亮)點的保固

　　LCD需要注意各品牌所提供的壞亮點保固服務。最好選擇「保證無 壞(亮)點」的品牌，如果沒有喜歡的型號再來考慮有三點壞亮點以內的 品牌，或者有一到三年的無壞亮點保證。壞亮點的檢測標準是將LCD畫 面分成九宮格，壞(亮)點必須沒有出現在中央格內。如果有出現壞(亮) 點時，符合壞點保固更換範圍，可以跟店家更換新的LCD。

　　LCD廠商依據壞(亮)點的數量，定出了面板等級，也可以依據等級 來購買LCD：

1. 特級：無壞(亮)點。

2. A級：3點以內。

3. B級：8點以內。

4. C級：9點以上。

　　不過，要怎麼知道壞點呢？筆者建議可以要求在店家內做測試。接 上電腦後，使用全螢幕分別顯示黑色、白色、綠色、藍色、紅色等5個 顏色，眼睛貼近螢幕仔細察看(沒有色塊圖檔，可以改變Windows桌面 色彩的方式來測試)。

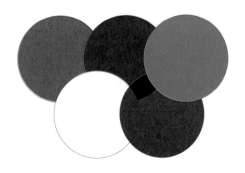

▶ 用5個顏色來挑選壞點是最好的方法。

14-1-9 電源供應器的採購考量點

　　如果使用到劣質的電源供應器,會讓電腦不穩定和當機頻頻。所以也要費點心思在電源供應器上。

▶ 千萬不要省下買電源供應器的錢。

✪ 不要使用機殼內附的電源供應器

　　許多機殼都有附贈電源供應器,不過千萬不要使用,因為此類電源供應器大都品質不良、電壓不足甚至會燒壞電腦零組件,因此不要省小錢而導致往後許許多多的問題。可以在購買機殼時,就選擇沒有劣質電源供應器的產品,說不定可以省下一些錢,補貼另外購買具有品質保證的電源供應器。

✪ 該買多大功率的電源供應器

　　電源供應器可以使用很久,在此期間可能會歷經許多次的電腦升級或擴充,所以對於一般使用者,可以購買400W～550W的產品。因為一般電腦僅會使用到300W左右的電力,多出來的部分可以用來預備升級和擴充使用。

　　如果是電腦玩家，喜歡擴充很多零組件，例如：安裝多顆硬碟、多張擴充卡和高階顯示卡，甚至有時會超頻使用，因此，需要更大的電源供應器，所以選擇600W～800W的電源供應器為佳。不過，功率越高價格越貴，需準備多點預算。

☆ 注意插頭類型和風扇

　　電源供應器都要符合ATX 12V V2.2以上版本，因此，具有規定明訂的電源插頭，以連接各種零組件，但是還是要注意是否符合自己所需。例如：提供SATA硬碟的新式插頭、新的24pin主電源插頭、顯示卡專用插頭、+12V 4pin插頭等，一般在產品外盒也會有詳細說明。

　　在風扇方面，電源供應器產熱量也很高，所以最好能選擇具有兩個風扇或大尺寸風扇產品，並且搭配相當多的散熱孔，不但可以有助自身散熱，也可以幫助機殼釋放廢熱。

☆ 80 PLUS與安規認證

　　電源供應器最好符合80 PLUS認證之外，如果符合許多國家的認證，勢必對安全、品質有多一份的保障。一般有美國、歐盟、加拿大、日韓等十幾國的認證為最佳。不過，購買有品牌知名度的電源供應器，基本上是不用擔心這類問題。

14-1-10 機殼的採購考量點

　　機殼除了有美觀的效果，還兼顧了散熱、便利性等，不過許多組裝者想要在這方面省錢，而購買便宜的機殼，除了導致散熱不佳，使用不方便之外，也容易造成組件的損壞。

✪ 選擇鋁合金還是鐵製殼

　　坊間的機殼有兩種材質，鋁製和鐵製。鋁合金有高導熱性與重量輕的優點，但是價格昂貴；鐵製機殼為硬度高的優點，但是材質重、導熱性慢。因此，如果預算夠的話，建議購買鋁合金的機殼。

▶ 鋁合金的機殼，具有散熱快的功能。

✪ 裝置插槽數量

　　裝置插槽的數量如果太多，機殼的尺寸就會比較大，會較佔空間。一般使用者選擇3大2小的機殼就可，可兼顧省空間和未來小規模擴充之用。認為以後會拆拆裝裝的玩家級，就要考量4大3小以上的大機殼，可以安裝更多的光碟機、硬碟或溫控開關等許多電腦改裝品。

▶ 插槽越多越好，不過還是要看自己的擺放空間。

✪ 考量便利性設計

　　機殼如果設計完善，從安裝、使用都會覺得便利。要考量的地方包括有免工具設計、底板可拆卸、防割手、面板連接埠等。

◉ 免工具設計：螺絲皆採用手拴螺絲，不用工具即可拆裝；光碟機、硬碟採用卡榫固定等，可以增加許多便利性。

◉ 底板可拆卸：是固定主機板的機殼底板，可以拆卸的底板，在安裝主機板時可以便利的固定，使得牢靠又確實，購買時可以指名店家提供底板可拆卸的機殼。

◉ 防割手：大多數的人都會赤手組裝電腦，如果機殼沒有做防割處理，很容易劃破手指受傷。有防割處理的機殼，在每個鐵片邊緣都會做「圓滑」或「折邊處理」，很容易辨識。

◉ 面板連接埠：有了面板連接埠，可以輕鬆的插拔USB、1394或耳機，使用相當方便。所以在購買時，建議至少購買有USB、IEEE1394、耳機、麥克風等連接埠的機殼。

✪ 考量散熱設計

　　電腦散熱除了透過機殼金屬來導熱之外，風扇排熱效率也是很重要的。建議購買多風扇的機殼，會有絕佳的散熱效果，增加電腦系統穩定性。

14-1-11 鍵盤、滑鼠的採購考量點

使用電腦接觸最多的周邊就是鍵盤和滑鼠,所以選購時必須重視舒適性與便利性。

▶ 若初次使用電腦,可以選擇人體工學鍵盤。

✪ 人體工學還是傳統鍵盤

傳統鍵盤在長時間使用後,若沒有正確姿勢,手腕、手臂很容易酸痛,可是如果已經習慣的人,還是選擇傳統鍵盤為佳。人體工學鍵盤顧名思義就是經由人體的舒適性而設計,所以長時間使用,不容易造成酸痛等傷害。不過,人體工學鍵盤很不容易適應,購買時需要先行適用為佳。

✪ 鍵盤敲擊噪音

鍵盤在敲擊時,會發出「喀喀喀」的聲響,有很多鍵盤則是為了降低這個聲音,使用品質較好的薄膜按鍵,讓夜晚使用時也不會吵到旁邊的人。所以購買時試著施點力敲敲看,聽聽按鍵敲擊的聲響。

✪ 多媒體鍵盤和滑鼠

　　如果預算夠，可以選擇具備許多快速按鍵的多媒體鍵盤和滑鼠，在觀賞電影、聽音樂、開啓郵件軟體或上網等工作，可以單鍵控制，相當方便，不過產品價格會稍高一些。

▶ 多媒體鍵盤有較方便的快速鍵。

✪ 有線還是無線好？

　　若喜歡桌面乾乾淨淨，或者常常會移動鍵盤或滑鼠，那一定要選擇無線的類型，可以自由自在移動，不過最好選擇「無線電」或「藍牙」的機種。如果預算有限，又不在意哪一條線，或者喜歡玩電腦遊戲，大可購買有線鍵盤即可。

✪ 光學、雷射與藍光滑鼠

　　光學滑鼠是相當普及的滑鼠類型，價格也非常便宜，其實光學滑鼠對大部分的桌面材質，已經有良好的感應，如果預算不高，只要購買此類滑鼠即可。雷射滑鼠和藍光滑鼠價格較高，但是對於表面材質有非常好的相容性，不過只有常變更使用環境的人，才能獲得這項益處，例如：常帶筆記型電腦出門，會遇到各種材質桌面。否則一般固定在家中電腦使用的滑鼠，只要使用光學滑鼠並墊個滑鼠墊即可，便宜又好用。

▶ 滑鼠還是用得舒適最重要，買時可以用手試試感覺再決定。

14-1-12 喇叭、麥克風與視訊攝影機採購考量點

透過喇叭、麥克風與視訊攝影機，除了平常使用喇叭應用多媒體，還可以利用網路與人交談，並且進行網路視訊。

✪ 喇叭

在選擇喇叭以前，要先確定主機板上的音效功能是支援多少聲道，如果支援5.1聲道，則可以買2、2.1、4.1、5.1聲道的喇叭組，如果是支援7.1聲道，則可以購買最高7.1的喇叭組，可以依照預算來購買。需要注意的是，購買這些喇叭組需要足夠的空間擺設。

喇叭的音質也是採購重點，最好是選擇有展示品的店家購買，可以實際聆聽音質好壞，如果可以的話，將音量和重低音調整到最大，聽聽看喇叭有沒有破音(雜音)，要選擇沒有破音的喇叭。

▶ 喇叭也是一分錢一分貨，便宜的自然音質會不好。

✪ 麥克風

麥克風有黏附型、桌上型和耳機型等三種。黏附型的麥克風很小，可以黏在顯示器或電腦上，不占空間是其優點，不過收音品質為普通。桌上型屬於較大的麥克風，收音品質較佳，不過會占桌上空間。耳機型是在耳機之外再延伸出一條麥克風到嘴旁，使用網路電話會相當方便，可是要對大環境收音，使用就不是很方便。

✪ 視訊攝影機

視訊攝影機產品的影像品質多有差異，如何能夠清晰穩定的將影像傳達給對方，必須要仔細挑選。

視訊攝影機有不同的解析度產品，從30萬畫素到200萬畫素的產品都有，一般來說30萬畫素的畫質普遍不佳，所以建議購買130萬畫素左右的中階產品，可以提供清晰的畫質。請選擇有展示品的店家，實際連接看看畫質即可。

有些視訊攝影機具備有麥克風，收音效果還不錯，如果認為夠用了，筆者也建議直接購買此類產品。

▶ 市面的網路攝影機相當多，不過還是挑選知名品牌會比較好。

14-1-13 隨身碟與外接式硬碟的採購考量點

購買外接式儲存裝置，最好先考量本身應用的範圍，再說外接式儲存裝置的容量和價格息息相關，也要考量預算多寡。

✪ 大品牌為主

製造隨身碟和外接式硬碟的品牌非常多，有些不肖廠商會使用劣質的記憶體或規格不佳的硬碟機，而我們的資料又非常重要，如果遭遇到故障、毀損，不是貪小便宜省下來的價錢可比。所以購買時最好考量大又有口碑的品牌，最好是本身就有製造記憶體晶片的廠商，例如：Sandisk、創見、宇瞻Apacer、PQI、威剛A-DATA、十詮TEAM等，都是不錯的選擇。

✪ 避免買外接盒自己安裝硬碟機

市場有賣許多硬碟外接盒，除非自己已有硬碟機，想要改成外接式儲存硬碟，否則盡量購買已經裝有硬碟機的外接式硬碟機。

裝有硬碟機的外接式硬碟機都有較好的相容性和功能性，以3.5吋的外接式硬碟機為例，有的廠商會內建「自動偵測開關機功能」，可以配合電腦自動啟動或關閉硬碟，減少手動的麻煩，也可以減少電源浪費。另一方面是「耐震設計」，一般裝有硬碟的外接盒都會有較好的防震設計，在生產線上就將硬碟機完整保護，大幅降低硬碟機毀損的風險。

✪ 用容量來計算價格

如果要買得便宜不吃虧，除了品牌之外，將價格除以容量，就可以瞭解一單位的容量價值多少，例如：320GB的2.5吋外接硬碟機是2100元，1GB容量是6.5元，另一個廠牌是500GB為2950元，1GB容量是5.9元，所以買500GB的產品是比較划算的，如果預算足夠，倒是可以考量進去。

14-2 規劃採購清單

在採購以前，必須要先規劃好要購買的零組件規格和大致價錢，到了賣場才不會被店家人員影響和推銷。

14-2-1 自己規劃樂趣多

各位可以根據自身的預算和使用條件，規劃出一張採購單，上面是預計購買的規格，帶著採購單到賣場裡，一項一項尋找價格最低的店家購買，雖然感覺上有點麻煩，不過這樣比價、殺價的樂趣，也是組裝電腦中較為有趣的一項。我們提供了一張空白表單供各位使用。

電腦規格採購單

零組件名稱	規格細目	價格
CPU		
CPU風扇		
主機板		
記憶體		
硬碟		
顯示卡		
顯示器		
音效卡		
電源供應器		
機殼		
光碟機		
喇叭		
軟碟機		
鍵盤		
滑鼠		
其他1 _____		
其他2 _____		
費用總計		
費用預算		

14-2-2 規劃範例

　　我們使用一款中階等級的電腦來做規劃，各位可以如法炮製，挑選適合自己的規格，規劃一張採購清單。

電腦規格採購單		
零組件名稱	規格細目	價格
CPU	Intel Q8400(LGA775、盒裝)	5,400
CPU風扇	盒裝內附	0
主機板	技嘉EP43-UD3L	3,300
記憶體	4GB(創見DDR2-800 2GB×2)	2,960
硬碟	WD 640GB 16MB SATAII	1,990
顯示卡	MSI R4890	6,800
顯示器	Viewsonic VA2213wm 22吋	5,200
音效卡	內建	0
電源供應器	保銳 525W	3,950
機殼	3大3小	1,200
光碟機	Pioneer S18L Super MULTI	990
喇叭	5.1聲道	2,300
軟碟機	任意品牌 1.44MB	300
鍵盤	羅技無線鍵盤滑鼠組	1,650
滑鼠	組合內	0
其他1＿＿＿＿＿		
其他2＿＿＿＿＿		
	費用總計	36,040
	費用預算	37,000

◎ 選擇題

( ) 1. 價格效能比可以為消費者得到什麼訊息？(A)效能最頂級的產品 (B)價格最便宜的產品 (C)價格與效能取得平衡的產品 (D)計算產品的生命週期。

( ) 2. 關於CPU採購的重點經濟下列哪個不是？(A)預算 (B)抗跌性 (C)最便宜 (D)價格效能比。

( ) 3. 不能購買散裝CPU的理由，下列何者不是？(A)測試版本 (B)保固期短 (C)來源管道不明 (D)以上皆是。

( ) 4. 要如何計算硬碟價格是否划算？(A)買市面上容量最少最便宜的那個 (B)買中間價位的就好 (C)用容量和價格相除再來比較 (D)買容量最大的就好。

( ) 5. 售後服務的敘述，何者為是？(A)保固期是指可以免費維修和更換新品 (B)保證期也是指免費維修，但是是更換良品 (C)保證期和保修期不同 (D)如果遇到保修期過了，也是可以自費修理。

N.O.T.E

CHAPTER 15
電腦哪裡買比較好

電腦到處都有得買,從巷口的電腦店、大馬路上的電腦量販店到群聚的電腦街,甚至打開電視、上上網都可以買到,到底哪裡買最便宜?選擇最多?優點在哪?真是值得瞭解一番。

15-1 方便的好鄰居「巷口的電腦店」

對於沒有親人、朋友懂電腦的情況下，離家不遠的電腦店倒是一個不錯的購買地，無須換上好看的衣服，只要穿著拖鞋就可以購入電腦，是最方便的購買方式。

如果以後電腦壞了，在求助無門時，這種類型的電腦店可以提供最快的維修時效，更重要的是，因為可以說是「鄰居」，多了份親切感，可以互相切磋學習，對自己的電腦知識有一定的助益。

不過，雖然是鄰居，畢竟不是慈善事業，還是要收費的。一般此類的電腦店的售價通常稍高一些，商品項目也不多，選擇性自然較少。但是如果有特殊規格要求，老闆大都會幫你解決。如果視為「貴的費用」等於「學費」的話，這樣也是很划算的。所以如果此類店家的老闆不熱心，那大可不必跟他買電腦了。

▶ 「社區內的電腦店」是最方便的好鄰居。

15-2 種類齊全的「電腦量販店」

近幾年許多3C電腦量販店林立，很多熱鬧的據點都會看得到，如燦坤、順發3C、FNAC法雅客等，結合電腦、電器等琳瑯滿目的商品，幾乎只要一進門就可以把所需要的零組件、周邊設備購齊。

在價格上，因為都是大量進貨銷售，所以價格自然便宜不少，不過並不是每一樣都是如此，有些商品它是第一便宜，有部分卻是貴了不少，所以在購買時還是要稍加比較。此外，量販店的商品都是「含稅價」，所以價格會比集中電腦街來得高一些。建議可以在舉辦大促銷、大特惠或店慶的時候購買，會撿到意想不到的便宜貨呢。

有些量販店會提供「代客安裝」服務，可以在店內跟店員一起組裝電腦，可是要給付一些工資。過程中是可以詢問一些電腦問題，和組裝技巧，可是在維修的效率上，沒有巷口的電腦店般的有效率和親切。

▶ 電腦量販店也是方便的購買地點

15-3 會眼花撩亂的「電腦街」

所謂的電腦街,就是一整條馬路上聚集了許多電腦店家,銷售許許多多電腦商品,如台北光華新天地(光華商場)、NOVA電腦廣場、台中的電子街、高雄的建國商場。不過,因為這樣熱鬧的據點不多,在遠地前來,還真是會花上不少車馬費和時間,划不划算就看各位自己的盤算。

電腦街的商店多,所以彼此競爭激烈,價格都會壓得特別低,所以不用擔心買貴,只要用心走幾步路就會發現較便宜的價格,很容易「貨比三家」,雖然彼此價差並不大,但是可以滿足採購的樂趣。

不過,來這裡必須要對電腦的行情、產品規格有大致的瞭解,否則可能連「商品報價單」、「價格行情表」都不太看得懂。

▶ 「電腦街」是撿便宜的最佳地點。

15-4 不用出門的「電視購物」

如果實在很懶得出門，透過電視購物的展示，也可以買到喜歡的電腦，不過大都是銷售品牌套裝電腦，很少有零售各種零組件，所以不太適合想要DIY電腦的人。

電視購物通常使用較為花俏、凸顯特色的方式銷售，很吸引人購買，值得注意的是，行銷語言千奇百怪，如果不懂電腦規格的人，很容易會買到不適合的產品，甚至即將淘汰的庫存品，購買前必須要多方瞭解。

電視購物的價格有貴也有便宜，看產品而定。大都是採用「贈品戰」，價格比外界貴一些，但是贈品卻很多，讓人有超值感，其中的衡量，就看消費者自己了。所以在購買之前可以配合網際網路上的採購網站、拍賣網，或者詢問友人，價格是否真的划算。

電視購物的好處是，提供「七天鑑賞期」服務，可以購買產品後，可考慮甚至試用看看，如果不合適或有瑕疵還可以辦理退貨，銷售有保障。

▶ 若很懶得出門，「電視購物」只要打個電話就可以購買。

15-5 用手指就可以購物的「網路購物」

網路購物也是極爲方便的一項購買方式，網路購物分有大型購物網和拍賣網。

大型購物網產品種類豐富，幾乎不出門也可以買齊各零組件。知名的有Yahoo購物中心、PChome購物網等，雖然在價格上可能沒有集中市場便宜，但是提供線上刷卡、分期付款等措施，並且送貨到家。

拍賣網是透過許多網友或小商店將產品登出，銷售者大都爲個人或「小老闆」，如果自己知道要購買哪個型號的產品，不妨到拍賣網看看，產品種類齊全，價格有時會比集中市場還要便宜許多。

不過要注意的是，交易比較沒有保障，如產品保固、產品新舊、瑕疵品或故障品，購買的人若自己不懂，最好找個內行的朋友陪同驗貨，否則很容易遭騙。

▶ 網路上也有很多電腦購物網站，價格記得要多比三家。

15-6 電腦展覽

在北中南都有不定的「電腦展」，展覽中除了展出最新的電腦產品之外，最吸引人的莫過於「特價優惠」。因為集中了許多電腦店家，在彼此激烈競爭下，價格會壓得相當低，是個購買好時機。

不過，根據筆者的實際經驗，建議讀者在購買時，還是要大概比較一下，因為並非所有產品都比坊間便宜，有些只是祭出贈品攻勢，「看起來」好像有便宜，其實實際比較一下，反而貴了一些，而且拿到許多用不到的贈品(有的贈品非常廉價)，也是浪費。

電腦展裡都是許多店家臨時的銷售攤位，所以購買產品之後，最好是詢問該攤位的實際店鋪地址，因為往後產品若有問題，電腦展早已結束，此時還可以到店家退換貨。如果提不出店鋪地點，最好不要在這攤位購買。

▶ 電腦展的店家為了衝業績，也會不計手段的降價，不妨趁時搶便宜。

15-7 看懂電腦行情表

　　到了電腦賣場，常常都會收到工讀生或店員提供的「商品行情表」。但是商品和規格相當多，所以商品行情表上的文字密密麻麻，不是老手很難看得懂這其中寫些什麼。每一個店家所提供的行情表格式都不相同，但是內容與寫法都大同小異。

▶ 在電腦街隨處可拿的「商品行情表」，是比價前必看的。

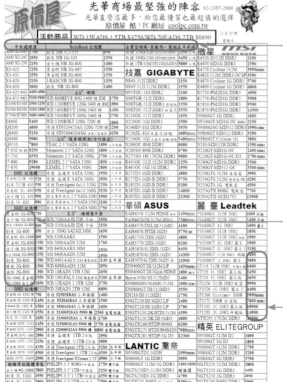

分類：行情表會有詳細的商品分類，會在表格欄位的上方或前方。

產品規格：電腦零組件都有各式規格，所以次分類就是透過規格來分。例如：記憶體，DDR3有1333和1600時脈等。

價格：價格通常和容易影響價格高低的規格一起標示。每個店家的標示方法都不同，但是都大同小異，稍微研究一下應不難瞭解，只要抓住產品關鍵的規格項目即可。下面列出幾個產品分類較多的大項，供讀者參考。

✪ 記憶體

記憶體的規格只有數種，能夠影響價格的為廠牌和容量因素，所以廠牌、容量與價格會標示在一起。如在DDR3，「金士頓2G-1333單1550」，代表金士頓的記憶體模組、採用顆粒佈局為單面、規格是DDR3-1333 2GB容量、價格為1,550元。

金士頓 2G-1333 單	1550
創見 2G-1333 單	1650

✪ CPU

因為只有Intel和AMD兩個廠牌生產，所以是使用時脈搭配價格來標示。如在Intel欄位有「烤土豆(7系列) E7500$3800」，表示Core 2 Duo E7500價格3800元，這應該不難。

	Intel	雙頭羊(1系列) E3200$1600, E3300$1900	
中		雙頭豬(5系列) E5300$2200, E5400$2580, E6300$2400, E6500$2900	
	LGA 775	烤土豆(7系列) E7500$3750, E7600$4650	
央		烤土豆(8系列, FSB 1333) E8400$5600, E8500$6400	
		烤土瓜 Q8400$5400, Q9400$6100, Q9550$8750	
處	LGA 1156	[i5 7系列]750$6700, [i7 8系列]860$9700, 870$19990	支援Turbo
	LGA 1366	[i7 9系列]920$9400, 950$19900, Extreme 975$36800	Boost技術
理	Xeon系列	5405$7990,5410$9250,5420$11990,5430$15600,5450$29900,5460$38900	
	AMD 單核心	140$1200，Socket462 (Duron)1.8(散)~~現貨	
器	AMD 雙核心	AthlonII X2 240$1800, 245$2000, 250$2200 .	
	AMD 三核心	AthlonII X3 425$2400, 435$2700	

✪ 顯示卡

顯示卡的晶片組僅有NVIDIA和ATI兩間生產，所以相同顯示晶片的產品，影響價格的因素是「品牌」與「顯示記憶體容量」，可以看到「廠牌(功能，記憶體容量)」一起標示。如在7800系列的欄位有「4670 512D3華碩(Dvi) 2390(1G)2790」為華碩的ATI R4680顯示卡，配備DDR3-512MB顯示記憶體和DVI連接埠，2,390元，而配備1GB記憶體為2,790元。

EAH4670/DI/512M HDMI	2300DDR3
EAH4770 FML/DI/512MD5	4100
EAH4870/HTDI/1GD5	5750 D5
EAH5750/2DIS/1GD5	4800
EAH5770/2DIS/1GD5	6100
EAH5850/G/2DIS/1GD5	9450

✪ 硬碟

硬碟的容量和緩衝記憶體容量是決定價格的因素，所以店家以容量配合記憶體容量來標示。如「1TB $2100」代表1TB、2100元，有時兩者中間會有(32)，表示具有32MB緩衝記憶體。

3.5吋 SATA 硬碟	日立	320$1570, 500$1670, 1TB$2670
	Seagate	160$1350, 250$1420, 320$1500, 500$1750, 1TB$2680, 1.5TB$3900
		Pipeline HD ST3320310CS 320G$1850 ～ DVR & Video 專用
	ES2 系列	500$3450 ,1TB$5800 ～ 五年保固
	WD	160$1370, 250$1430, 320$1520, 500$1730, 640$1990
		808.8$2260 1TB$2680, 1.5TB$3800, 2TB$7650
	RE3系列	250$1990, 320$2290, 500$2999, 750$5350, 1TB$7400
	LS系列	32MB Cache 雙處理晶片5年保固 640$2300 ,1TB$3300
	一萬轉	150$6150, 300$8888
IDE	日立	250$----, 320$----, 500$----
	Seagate	160$----
	WD	250$----, 320$----, 500$----

✪ 光碟機、顯示器

因為每種型號就是不同價格，所以幾乎都是用型號來搭配價格，很容易閱讀。

藍光	COMBO	先鋒 BDC-S03XLB$4500
	燒錄	先鋒 BDR-S05XLB$10300
DVD燒	SATA	Plextor$2390, SONY AD-7240工業包$950, DRU-870$1050
		華碩22X$890, 24X$990 先鋒S18L$970, LiteOn$890
		光雕 ASUS(24)$1050 ,SONY DRU-875S$1190
	IDE	先鋒A18L$970
外接	Lite-on$1600 , SONY-840U$2850 , 先鋒$2300
	薄~Slim	SONY 70U(黑/白/金/粉)$2650, Imation$1899, TEAC[OEM]$1750
內接DVD光碟機	華碩590 ,SATA(18)620 ,Liteon$599 ,SONY $650 ,先鋒$660,
	17吋	PHILIPS 170V9$3500

✪ 其他零組件

大都是搭配品牌或型號來標示，也是不難閱讀。

CHAPTER 16
DIY組裝流程

本章將從最基本的「準備工具」開始，一步一步將電腦組裝起來。

16-1 組裝前準備工作

所謂「工欲善其事，必先利其器」，組裝過程中需要使用幾項工具以及注意事項要事先知道，如果都能夠準備妥當，相信可以讓過程更順利。

16-1-1 備齊工具

組裝過程有許多地方是需要工具才可以完成，需要的工具如下：

✪ 十字起子

幾乎每樣零組件都一定會需要螺絲固定，因此「十字起子」就是必備的工具。在一般五金行、大賣場都會有賣。

最好選擇具有「磁性」的十字起子。本身金屬部分具有如磁鐵般的吸力，可以吸附螺絲，增加安裝的便利性。如果組裝時，螺絲意外掉落在機殼細縫中，可以用螺絲起子吸起來。

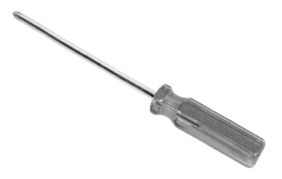

▶ 可準備一支普通的十字起子。

▶ 使用具有磁性的十字起子，可以增加不少便利性。

　　因爲組裝一部電腦有許多螺絲要安裝，如果預算夠，也可以購買「電動螺絲起子」，可以節省不少人力和提升工作效率。購買時，盡量選擇輕巧的機種，並且購買電力標示爲3.6V以內即可應付所需；若選擇充電式電池會較爲經濟，整支價格約在500元～800元不等。

▶ 若有電動螺絲起子，那更可增加不少效率。

☆ 尖嘴鉗

　　尖嘴鉗主要是用來調整跳線(Jumper)和固定主機板基座螺絲之用，雖然使用機率不高，但是有具備這項工具，組裝時會更得心應手。

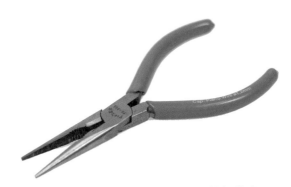

▶ 尖嘴鉗可以協助處理人手無法觸及的細微處。

16-1-2 靜電簡易防護

　　組裝電腦時，會時常直接接觸電腦的電子零件，如果身上帶有靜電，可能會傷害到電子零件，導致短路或故障。因此在取出零組件之前，最好先釋放身上的靜電。

　　首先，組裝者可以先洗洗手、洗洗臉等能夠接觸水的事情，並且擦乾，可以釋放身上的靜電。此外，從靜電袋取出零組件時，手接觸的地方最好是在電路板的邊緣部分，盡量避免直接接觸晶片、電容等電子零件部分。

▶ 在組裝前，最好讓產品都待在防靜電袋裡。

16-1-3 組裝流程

　　在一切準備就緒之後，就要開始最有趣的組裝部分。不過組裝電腦也有順序，是根據組裝便利性和妥當性來決定次序，所以只要順著下列規劃好的順序組裝，可以既快速、輕鬆又完善的完成。

1	CPU組裝
2	風扇組裝
3	記憶體組裝
4	拆卸機殼
5	電源供應器安裝
6	主機板裝上機殼
7	連接機殼面板線
8	顯示卡組裝
9	安裝硬碟機
10	安裝光碟機
11	安裝軟碟機
12	連接鍵盤滑鼠周邊
13	連接顯示器
14	連接喇叭、麥克風
15	其他周邊設備
16	連接電源線
17	試機運轉
18	各項設備檢查(介紹開機畫面)
19	調整BIOS
20	安裝作業系統

16-2 **CPU**的組裝

目前市場上有Intel和AMD兩種品牌CPU。在Intel部分，最大宗的是Intel LGA775(Socket T)，再來就是新的LGA1366(Socket B)和LGA1156(Socket H/H2)，我們分別示範組裝方式；AMD則為AM2+和AM3等規格，其中AMD系列CPU，雖然規格上稍有不同，但是組裝方式都是相同的，因此，我們就以其中一項來做組裝示範。

16-2-1 Intel系列CPU組裝

✪ LGA775(Socket T)

Intel的LGA775系列CPU採用無針腳設計，所以插槽有密密麻麻的接腳，才可以和CPU緊密的結合。所以組裝時，務必小心，不要讓任何物體或手指接觸到插槽接腳，如果弄斷了接腳，那就要跟主機板說再見了！

▶ LGA775插槽有密密麻麻的接腳，組裝時務必要小心。

STEP 01 新的主機板，都會附上LGA775插槽的保護蓋，降低接腳損壞。裝入CPU時，必須要把保護蓋移除。在保護蓋上可以看到「REMOVE」字樣，請小心從「REMOVE」處翻開，取下保護蓋。

STEP 02 插槽旁有一U型撥桿，將其向下再往外扳開，即可順勢往另一方向撥開。

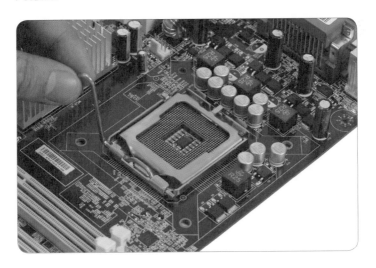

STEP 03 U型撥桿撥開後，即可翻開防護鐵蓋，待裝入CPU。(防護鐵蓋主要功能是牢牢固定CPU。)

STEP 04 確認CPU的防呆凹槽和插座的防呆凸點。此步驟相當重要，務必要確認，否則防護鐵蓋蓋上後，會導致CPU或插座損壞。(CPU凹槽與凸點可以降低CPU安裝錯誤，兩者需要相互對應安裝。)

STEP 05 輕輕放入CPU，蓋回防護鐵蓋。

STEP 06 扳回U型撥桿，並且固定。

STEP 07 檢查是否牢靠，是否如圖一樣安裝好。

✪ LGA1366(Socket B)

STEP 01 插槽旁有一U型撥桿，將其向下再往外扳開，即可順勢往另一方
向撥開。

STEP 02 U型撥桿撥開後，即可順勢翻開防護鐵蓋(防護鐵蓋主要功能是可牢牢固定CPU)，此時會有Socket B插座的保護蓋，在上面可以看到「REMOVE」字樣，因此，安裝時必須要把保護蓋移除。

STEP 03 確認CPU的防呆凹槽和插座的防呆凸點。此步驟相當重要，務必要確認，否則防護鐵蓋蓋上後，會導致CPU或插槽損壞。(CPU防呆設計可以降低CPU安裝錯誤。)

STEP 04 輕輕放入CPU，蓋回防護鐵蓋。

STEP 05 扳回U型撥桿，並且固定。

STEP 06 檢查是否牢靠，是否如圖一樣安裝好。

✪ LGA1156/1155(Socket H/H2)

STEP 01 插槽旁有一U型撥桿,將其向下再往外扳開,即可順勢往另一方向撥開。

STEP 02 U型撥桿撥開後,即可順勢翻開防護鐵蓋(防護鐵蓋主要功能是可牢牢固定CPU),此時會有Socket H/H2插座的保護蓋,在上面可以看到「REMOVE」字樣,因此安裝時必須要把保護蓋移除。

 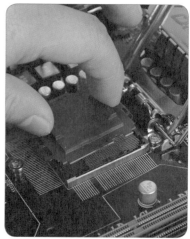

STEP 03 確認CPU的防呆凹槽和插座的防呆凸點。此步驟相當重要，務必要確認，否則防護鐵蓋蓋上後，會導致CPU或插槽損壞。(CPU防呆設計可以降低CPU安裝錯誤。)

STEP 04 輕輕放入CPU，蓋回防護鐵蓋，並將鐵蓋的凹處對準固定。

電腦組裝ＤＩＹ全能王

STEP 05 扳回U型撥桿，並且固定。

STEP 06 檢查是否牢靠，是否如圖一樣安裝好。

16-2-2 AMD Socket AM2+/AM3系列CPU組裝

　　AMD的CPU都有密密麻麻的接針，需要小心謹慎的組裝，只要斷了一根接針，CPU就會因此報銷。

▶ 小心AMD CPU密密麻麻的接針。

STEP 01 將CPU插槽的撥桿往下再往外翻，即可脫離卡榫順利撥開(撥桿的功能是扣住CPU的針腳，固定CPU)。

STEP 02 確認Socket AM2+插槽和CPU的防呆標記，採用小三角形圖樣。
(可以很容易看到，Socket插槽的右上角的小三角形圖樣，以及
CPU背面針腳處，也有一個小三角形標示。)

STEP 03 將CPU放上插槽，別忘了務必對準Socket插槽和CPU三角形防呆
標記。

STEP 04 將一隻手指頭輕輕從CPU中間按住,另一隻手指將插槽撥桿扳回
固定即可完成安裝。

電腦組裝**DIY**全能王

16-3 CPU風扇的安裝

市面上的CPU風扇百百款，可是使用原廠風扇是最安全可靠。本篇組裝範例，則是使用原廠風扇為主。

16-3-1 Intel原廠風扇組裝

Intel有Intel LGA775(Socket T)、LGA1366(Socket B)和LGA1156(Socket H/H2)三種CPU插座，雖然風扇的尺寸稍有不同，但是風扇的安裝方式都是相同的，我們舉最普遍的LGA775(Socket T)來示範。

STEP 01 取出風扇後，確認風扇是否有散熱膏存在，只要翻過來看中間部分，是否有一小塊膠質的貼片，就可以確認。

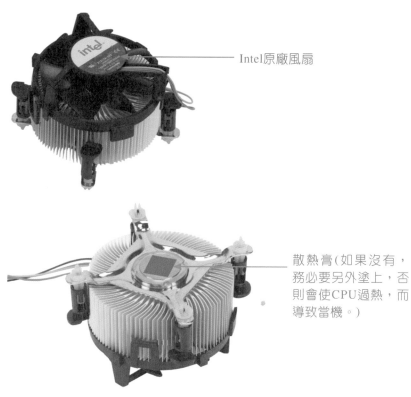

Intel原廠風扇

散熱膏(如果沒有，務必要另外塗上，否則會使CPU過熱，而導致當機。)

STEP 02 察看CPU插槽四周,找到4個CPU風扇專用孔座。

STEP 03 將風扇四個腳座對應到插槽四周的孔座,先對準輕放即可。

STEP 04 利用手指分別用力按下風扇4個腳座，使其插入主機板的孔座裡。

STEP 05 確認4個腳座是否有牢靠扣上。

STEP 06 尋找CPU風扇專用電源插座,一般都設計在CPU插槽附近。找到後插入風扇電源插頭,即可完成整個風扇安裝。

16-3-2 AMD原廠風扇組裝

AMD的風扇固定法,跟以往歷代的固定方式大同小異,採用固定扣具,安裝方式也相當便利。

STEP 01 取出風扇後,反過面來,需確認是否有散熱膏,狀似一塊小膠質薄片。

確認是否有一小塊膠質貼片的散熱膏

STEP 02 將風扇放置在主機板上的CPU風扇座。

STEP 03 將兩側的固定扣具放入卡榫中。

STEP 04 將固定扣具的撥桿往另一邊撥去,風扇就會緊緊的固定在風扇座上。並試著輕輕搖動風扇,確認是否牢固。

STEP 05 尋找CPU風扇專用電源插座,一般都設計在CPU插槽附近。找到後插入風扇電源插頭,即可完成整個風扇安裝。

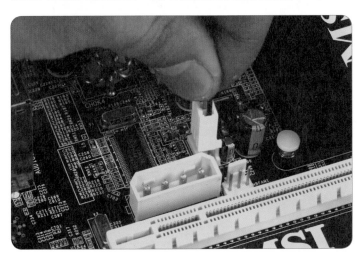

16-4 記憶體的組裝

目前電腦市場主流是DDR2與DDR3兩種記憶體規格，兩者的防呆缺口的位置設計不同，所以不能混插、混用。不過，安裝的方式是一樣的。所以我們使用DDR2來做組裝說明。

STEP 01 確認記憶體插槽的位置，找到DIMM1的插槽編號，最好是從此插槽開始安裝第1條記憶體(如果沒有看到DIMM1字樣，可參考主機板手冊說明)。

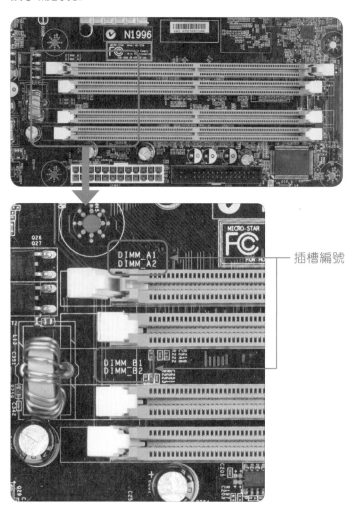

插槽編號

STEP 02 將插槽的兩側「固定扣」向外扳開到底。

STEP 03 輕輕放入記憶體於插槽中，務必確認「防呆缺口」有沒有對應到，否則如何施力都無法插入。

STEP 04 利用兩手的手指略微施力按壓記憶體的兩側。此時「固定扣」會
自動向內扣住記憶體的兩側固定凹槽。

STEP 05 檢查「固定扣」是否完全扣住記憶體。即完成安裝。

◀)) 知識補充　雙/三通道記憶體插法

記憶體有分單通道與雙通道兩種，兩者差別是：單通道記憶體可以只插1條記憶體，雙通道和三通道記憶體需要插2和3條相同的記憶體。

1. 安裝雙通道記憶體時，需先察看記憶體插槽的顏色，大部分主機板都為兩種不同顏色的。

2. 根據筆者經驗，兩支記憶體需插在「相同顏色」的記憶體插槽，才可以正確開啓雙通道功能，否則只會以單通道運行。(有少部分主機板廠商是規定需插在「相同顏色」，但是沒關係，可以參照使用手冊，或者開機顯示Single Channel(單通道)，就關機將記憶體改插即可)

16-5 拆卸機殼

完成CPU、記憶體的組裝後，我們可以將主機板裝入機殼裡了。不過，在安裝前，必須先把新的機殼部分拆卸，讓各項零組件可以方便的安裝上去。

STEP 01 先將機殼兩側的蓋板螺絲旋下，如果是使用大顆的手旋螺絲，那可以無須工具，輕鬆的取下蓋板。若發現是一般的粗牙螺絲，請用十字起子取下。

STEP 02 將側面蓋板往後推，即可取下蓋板。

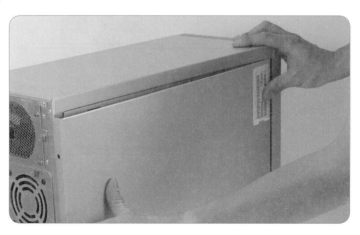

STEP 03 旋下底板固定螺絲。

STEP 04 小心的往後抽出,取下機殼底板(裝載主機板之用)。(有些機殼底板非從後方抽出,需要細心觀察機構設計再行動喔)。如此即可完成初步機殼拆卸。

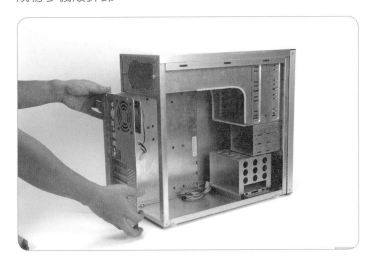

◀)) 知識補充　認識螺絲

雖然電腦機殼有百百款,但是使用的螺絲規格卻只有3種,主要差異是螺牙的不同。千萬不要混用螺絲,因為每種零組件都一定使用3種中的一種,混用螺絲會導致保固失效或將裝置的螺牙旋壞,導致無法拴緊。

◉ 手拴螺絲:徒手即可旋轉螺絲,不用螺絲起子。受歡迎的機殼都是採用此種螺絲。大都用於固定機殼蓋板、介面卡等。

▶ 免除工具的手拴螺絲。

◉ 粗牙螺絲:螺牙較粗,主要是固定機殼蓋板、介面卡、電源供應器、硬碟裝置。

◉ 平牙螺絲:螺牙較為平、密,主要是固定光碟機、軟碟機等裝置使用。

▶ 粗牙螺絲與平牙螺絲。

16-6 電源供應器安裝

機殼拆卸一部分後，就可以輕鬆安裝電源供應器在機殼內了。

STEP 01 將電源供應器平整放入預留的電源供應器位置，到機殼後方察看電源供應器的螺絲孔是否有對應到機殼的螺絲洞。若否，需要取出轉換角度再行放入。

STEP 02 使用4個粗牙螺絲拴緊電源供應器。

STEP 03 確認電源供應器的電壓開關是在「115V」或「120V」的位置(自動
調整電壓的機種免此步驟)。並且將總開關設定於「OFF」的位置。

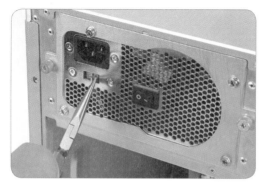

16-7 主機板裝上機殼

　　將剛剛的機殼底板取出,可以看到上面有許許多多的洞或孔位。這
些都是要拴上「固定腳座」或「固定夾」(機殼會附贈),才能把主機板
固定在底板上。我們按照下列步驟安裝,就可以順利安裝好主機板。

STEP 01 找出主機板上的固定孔,通常都會有9個洞孔。(因品牌不同,洞
孔位置也會有所差異。)

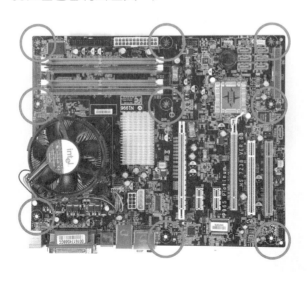

STEP 02 將主機板輕放在底板上的安裝位置，經由對照，找出底板相對應的孔位，並且記下來。

STEP 03 在剛剛對照出來的底板孔位上，拴入「固定腳座」或「固定夾」。(拴緊的同時，可以再將主機板輕放比對一下，確保正確)

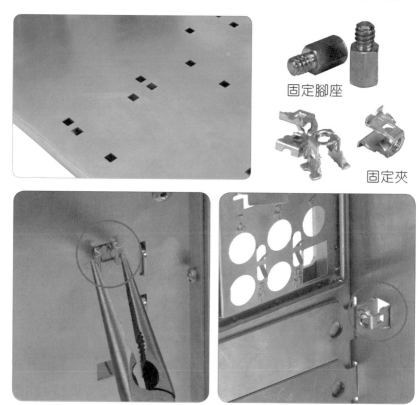

固定腳座

固定夾

STEP 04 取出主機板附贈的I/O背板，比對主機板上的I/O連接埠。

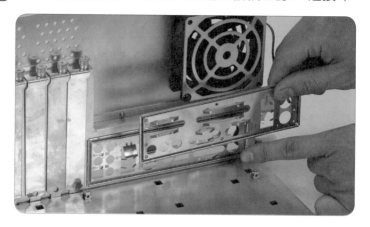

STEP 05 使用尖嘴鉗除去部分連接孔擋片。

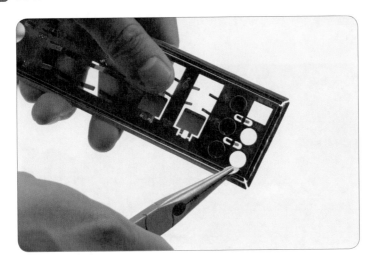

STEP 06 更換掉機殼上的I/O背板。從外向內推,即可把不合適的I/O背板卸下;同樣的,從內部安裝合適的I/O背板。

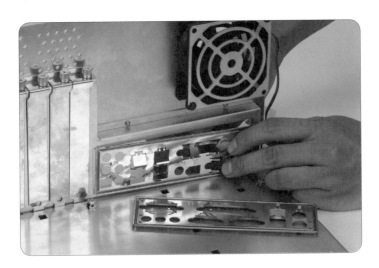

STEP 07 將主機板小心的放入底板。可以傾斜主機板，讓I/O連接埠可以順利穿過I/O背板，並從背板外部檢查所有I/O連接埠是否對齊和「1孔1埠」。

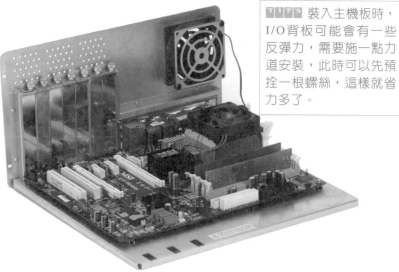

TIPS 裝入主機板時，I/O背板可能會有一些反彈力，需要施一點力道安裝，此時可以先預拴一根螺絲，這樣就省力多了。

STEP 08 從主機板上的固定孔拴上9個螺絲。

16-8 顯示卡的安裝

顯示卡都是採用PCI-E x16規格,但是安裝方式和PCI介面差不多。

STEP 01 找到PCI-E x16的插槽位置。

STEP 02 將顯示卡輕輕比對擋板的位置，以找出該卸下的擋板。

STEP 03 卸下擋板螺絲，並輕輕取出擋板。

STEP 04 利用大拇指，置於顯示卡的前後兩端，慢慢施力將顯示卡往下壓入插槽。

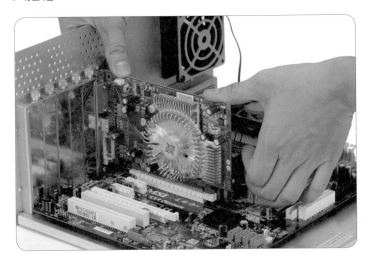

STEP 05 拴上螺絲，固定顯示卡。(如果顯示卡上有外接電源，可以先行插上。如此即完成顯示卡的安裝。)

STEP 06 按照稍早卸下機殼底板的步驟，反向操作，即可把機殼底板裝到機殼裡頭。

STEP 07 並且拴上機殼底板固定螺絲。即可完成整個主機板安裝。

16-9 連接「主機板電源線」和「機殼面板連接線」

其實現在主機板和機殼的設計已經簡單、容易組裝，連接這些線段不用太過擔心連接錯誤喔，放心組裝吧。

16-9-1 連接主機板電源線

STEP 01 插入24pin ATX主電源。此插座具有防呆設計，如果無法插入時，轉一圈再試試看，應該就可以插入。

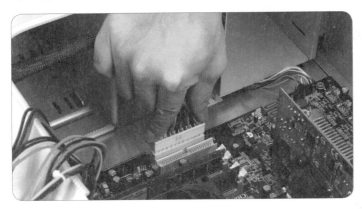

STEP 02 插入4pin或8pin的＋12V電源插頭。此插座也具有防呆設計，所以換個面向再試試看，應可輕鬆的插入。(如果主機板是8pin的插座，但是電源供應器只有提供4pin的電源，其實也是可以讓電腦正常運作。)

16-9-2 機殼面板連接線

STEP 01 找到機殼內一小把的黑色小插頭,每個插頭上都會有標示用途,如電源開關(Power SW)、重置鍵(Reset SW)、電源燈(Power LED)、硬碟動作燈(HDD LED)、PC蜂鳴器(Speaker)等的接頭。

STEP 02 找到主機板上的「機殼面板插針座」,通常位於主機板的左下方。

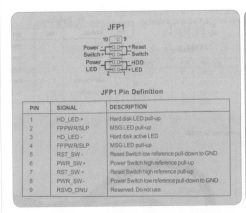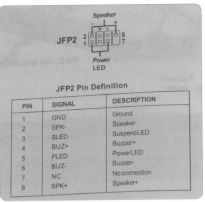

知識補充

插針座有塗上各種顏色,並且在旁邊印有插頭位置圖,標示每種插頭的正確連接處,且「+」為「正極」,以防插錯。如果標示不清楚,可以翻閱主機板使用手冊,對照連接即可。

JFP1 Pin Definition

PIN	SIGNAL	DESCRIPTION
1	HD_LED +	Hard disk LED pull-up
2	FP PWR/SLP	MSG LED pull-up
3	HD_LED -	Hard disk active LED
4	FP PWR/SLP	MSG LED pull-up
5	RST_SW -	Reset Switch low reference pull-down to GND
6	PWR_SW +	Power Switch high reference pull-up
7	RST_SW +	Reset Switch high reference pull-up
8	PWR_SW -	Power Switch low reference pull-down to GND
9	RSVD_DNU	Reserved. Do not use.

JFP2 Pin Definition

PIN	SIGNAL	DESCRIPTION
1	GND	Ground
2	SPK-	Speaker-
3	SLED	Suspend LED
4	BUZ+	Buzzer+
5	PLED	PowerLED
6	BUZ-	Buzzer-
7	NC	No connection
8	SPK+	Speaker+

STEP 03 配合顏色與位置圖,依序插上小接頭。此時需注意,連接線上有色彩的部分為「+」極,黑色或白色線為「-」極。所以「+」極線要對應「+」極的接針上。

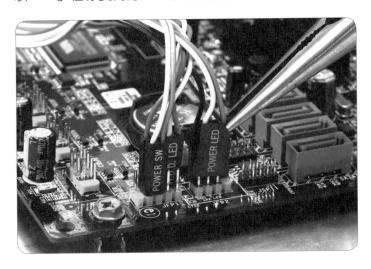

STEP 04 要確認是否有接錯,需要在組裝完成後開機測試,才能確認。如果發現有燈號不亮,那代表插頭插反了,將其拔出來,反向再插入即可。

◀◎ 知識補充 USB 2.0、IEEE1394連接線安裝

有許多機殼面板還有USB 2.0和IEEE1394連接埠,連接方式跟面板連接線差不多,但是不同品牌主機板的連接方式不同,可以參考主機板手冊即可順利安裝。

▶ 將面板的USB 2.0和IEEE1394連接埠連接到主機板上的擴充連接埠即可。

16-10 硬碟的安裝

　　硬碟有SATA與IDE兩種介面。兩種的連接方式大不相同,不過IDE硬碟與IDE光碟機是相同的安裝方式,所以在此我們先說明主流的SATA硬碟安裝。IDE的部分則合併在光碟機安裝部分。

STEP 01 尋找一個合適的3.5吋硬碟裝置槽。因為硬碟產熱量很大,盡可能裝在有較大的氣流(風扇旁、機殼散熱孔旁),或有足夠空間散熱的位置。

3.5吋插槽

3.5吋隱藏插槽

STEP 02 將排線連接埠的部分朝主機板的方向，放入硬碟裝置槽，用四個
粗牙螺絲固定。

STEP 03 將SATA訊號線任一端插入SATA硬碟機的訊號連接埠。

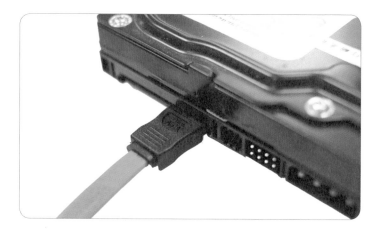

STEP 04 SATA訊號線的另一端則插入主機板上的SATA插座(任一插座即可,但建議從SATA 0開始連接)。

STEP 05 最後再插入SATA電源插頭。即完成整個SATA硬碟安裝工作。

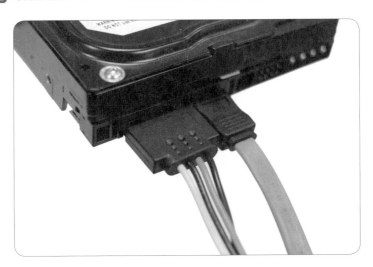

16-11 光碟機的安裝(**IDE**硬碟的安裝)

目前市面上的光碟機有IDE和SATA介面兩種類型。本章節需要注意的是IDE訊號排線的安裝知識，IDE硬碟安裝方式是一樣的。(若為SATA介面，則請參考SATA硬碟安裝部分章節)

16-11-1 **IDE**排線與連接埠的知識

藉此我們來徹底搞懂IDE介面的連接方式：

◉ IDE連接埠是使用40pin，在插頭中間的地方會少1pin作為防呆設計，避免排線插反。

◉ IDE需要主從設定，所以旁邊有Jumper針腳，光碟機安裝在MASTER或SLAVE，都要設定正確才可以正確使用。設定的圖示在光碟機或硬碟的標籤紙上都會有詳細說明。設定時，只要使用尖嘴鉗，把Jumper拔出，插入適當的位置即可完成設定。

◉ 主機板上的IDE插座共有提供IDE1和IDE2，且用兩種不同顏色來加以辨識、區分。

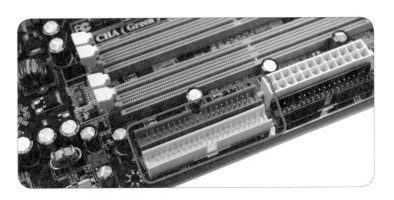

◉ IDE的排線，上頭有三個黑色接頭。從圖中可以瞭解到每個接頭連接的正確設定。如果安裝位置錯誤，或Jumper設定錯誤，會導致無法使用光碟機或硬碟。

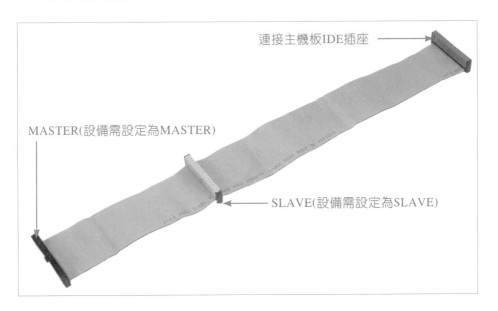

連接主機板IDE插座

MASTER(設備需設定為MASTER)

SLAVE(設備需設定為SLAVE)

◀)) 知識補充 Cable Select(CS)設定是什麼？

除了MASTER和SLAVE兩個設定之外，還有一個是Cable Select(CS)設定。此設定功能是「由排線自動判別該裝置為MASTER或SLAVE」，也就是說，選擇CS設定後，裝置無論插在排線的哪一個部分，電腦都會自動辨認MASTER或SLAVE，省卻調整MASTER和SLAVE的困擾。

不過，使用Cable Select有兩個條件，第一是需要使用80條線的IDE排線，才可以正常作用(此排線在主機板內都有提供)；第二是同一條排線上的裝置都要設定為「CS」。

▶ CS設定。

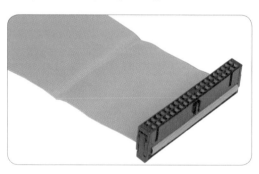

▶ 80條線的IDE排線，即為一般
IDE硬碟所使用的排線，可以
達到ATA-133的速率。

16-11-2 光碟機安裝流程

STEP 01 尋找一個欲安裝光碟機的裝置槽(IDE硬碟需選擇2.5吋裝置槽)。

大裝置槽

STEP 02 取下機殼面板的裝置槽擋板。

STEP 03 調整與確認Jumper設定。

STEP 04 將IDE排線插入光碟機的IDE插座。務必確認防呆設計的位置，不
要插反了。

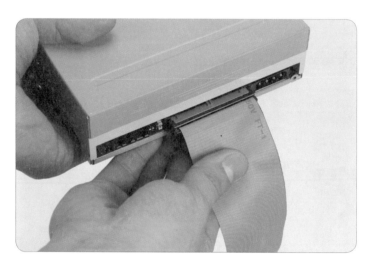

STEP 05 從機殼面板插入光碟機於裝置槽。(先插入光碟機排線,會增加安裝排線的便利性)

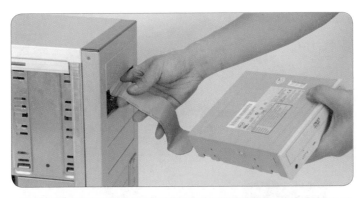

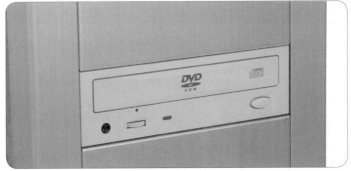

STEP 06 用光碟機所附的4個平牙螺絲固定(IDE硬碟需使用粗牙螺絲)。

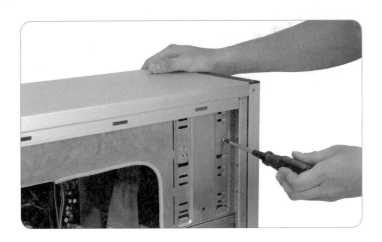

STEP 07 插入白色大4pin電源插頭。

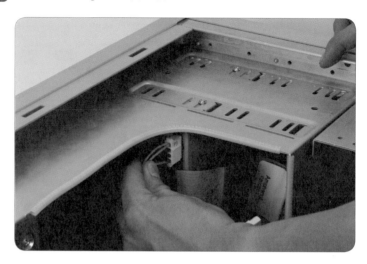

STEP 08 再將IDE排線連接於主機板上的IDE插座,即完成安裝。

知識補充 硬碟與光碟機要建議分開連接

如果電腦有一部IDE硬碟、一部光碟機接在同一條排線上,硬碟機的傳輸速率會被較慢的光碟機拖慢。因此,建議購買SATA光碟機或分兩個IDE埠安裝。

16-12 軟碟機的安裝

軟碟機排線使用34pin的規格，並且使用小的4pin電源。安裝上比起光碟機、硬碟還要簡單。

STEP 01 取下機殼面板的軟碟機裝置槽檔板。

STEP 02 從機殼面板插入軟碟機於裝置槽，並對齊機殼面板，再用4個平牙螺絲固定。

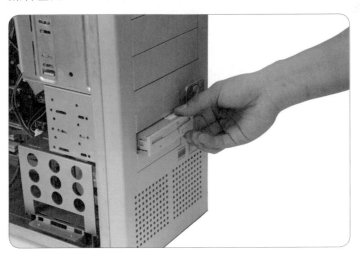

STEP 03 將軟碟機排線(主機板會附贈)有反折處的一端,插入軟碟機。具
有防呆設計,所以如果不容易插入的話,可以換個面再試試看。

STEP 04 插入小4pin電源插座於軟碟機。

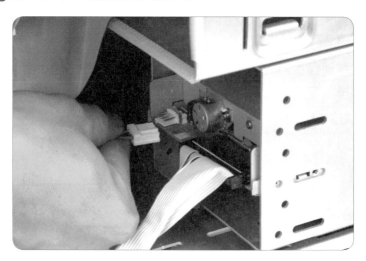

STEP 05 排線另一端插入主機板的軟碟機排線插座，別忘了要確認防呆位置，再進行插入，如此即可完成安裝。

16-13 機殼風扇電源與裝回機殼蓋板

零組件都安裝完成後，再關上機殼蓋板以前，別忘了還要連接機殼風扇的電源。

STEP 01 部分機殼有提供多個散熱風扇，使用的是大4pin接頭，連接相當方便容易。

STEP 02 連接完風扇之後,再次檢查機殼內每個零組件,是否都連接了電源、排線,以及鎖上了螺絲。

STEP 03 將機殼蓋板蓋上機殼兩側,要對準蓋板的凹槽,才可以順著凹槽導軌扣上機殼。

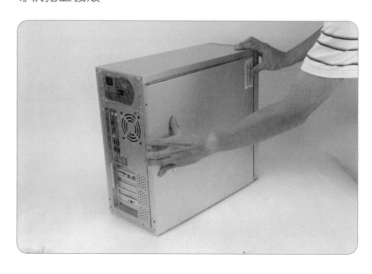

STEP 04 拴緊螺絲後，組裝就大功告成了。不過，還要把周邊連接好，才
可以正常使用。

16-14 連接鍵盤與滑鼠

　　鍵盤與滑鼠都是使用相同的PS/2插頭，所以很容易混插，導致無法
使用。所以安裝前必須要先瞭解一下兩者插頭的差異之處。

STEP 01 連接鍵盤，插頭大都採用紫色的顏色，外型使用方弧形，並且有小
鍵盤圖樣。連接方式，只要將插頭直接插入即可。具有防呆設計，
如果不能順利插入，可以稍微輕輕轉一下方向，就可以插入了。

STEP 02 連接滑鼠，插頭大都採用綠色的顏色，外型使用圓形，並且有滑鼠圖樣。主機板上的插座也有顏色區分，所以只要相同顏色的插在一起，就不會錯了。

16-15 連接顯示器

顯示器有電源和視訊等兩條線，顯示器的包裝內就會提供。

STEP 01 將顯示器固定在要放置的地方。並找出電源插座和訊號插座(有部分機種為了美觀，需要將部分的機殼拆開才可以安裝線段)。

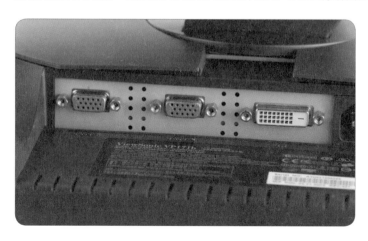

STEP 02 連接電源線到顯示器(有部分機種需要連接變壓器)。

STEP 03 連接訊號線到顯示器,將插頭旁的塑膠固定螺絲拴緊,以防止脫落。

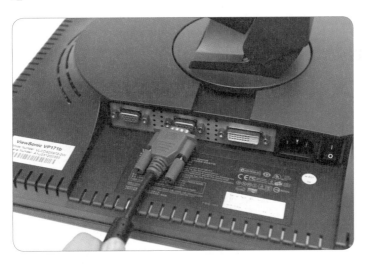

STEP 04 將另一端連接顯示卡。訊號線有防呆設計，如果插不進去，可以轉一個面再試一次。

> **TIPS** 如果顯示卡與顯示器都有提供DVI的插頭，最好使用DVI介面，會有較佳的畫質。

16-16 連接喇叭、耳機與麥克風

喇叭有2.1、4.1、5.1等不同聲道的機種，不過連接2.1以上的機種都需要調整作業系統的喇叭設定，才可以正式啟用，所以可以參考喇叭的操作手冊。在此我們僅說明2.1聲道喇叭的安裝。

STEP 01 連接音訊連接埠(連接喇叭)。只要將音源線插在綠色的連接埠上，就不會錯了。

STEP 02 連接耳機，也是使用綠色連接埠，不過可以連接機殼面板前面的耳機連接埠。插入後，後方的綠色輸出埠(連接喇叭)就不會有聲音囉。

STEP 03 麥克風是使用紅色，所以連接前方或後方的麥克風連接埠即可。

16-17 網路線與USB周邊的連接

連接網路線和USB，可以讓電腦獲得更多的功能資源和各種資訊。

✪ 網路線的連接

接上網路線後，電腦就可以跟網路上的電腦連線，並遨遊網際網路。

✪ USB的連接

USB是許多周邊設備最受歡迎的連接埠，傳輸速度快，又兼顧方便。連接USB相當簡單，只要直接插入USB連接埠即可。如果無法順利插入，只要換一個面即可。

16-18 電源線的連接

買電源供應器時，包裝內就有一條黑色的電源線。它是採用包含地線的電線，可以釋放電腦的靜電，所以可以看到插頭上有三個插針。

▶ 附有地線的電源線

電源線安裝也是極為方便，具有類似D型的防呆設計，只要將電線的母頭順方向直接插入電源供應器上的插座即可。並且檢查電壓是否在115V和總開關在關閉的狀態(要開機時再行開啟)。

16-19 電腦硬體的基本檢測

　　辛辛苦苦的把電腦組裝好，一定要試試看能不能正常使用。所以本節將帶領讀者對電腦做基本的檢測。趕快來享受自己辛苦組裝後的成果吧，開機試試看能不能正常。

16-19-1 首次開機問題排除

STEP 01 將電腦電源的插頭連接到電源插座。

STEP 02 打開電源供應器的總開關。

STEP 03 打開顯示器的開關(確認電源燈是亮的)，螢幕可能會顯示「No Signal」或「無訊號」的字樣或圖示。

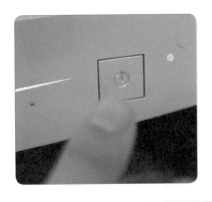 

⊙如果沒有的原因

1. 電源線沒有接好，請檢查。
2. 可能顯示器後方還有一個電源總開關。
3. 顯示器可能有故障。

STEP 04 按下電腦主機的電源開關，此時電腦「電源指示燈」會亮起。

◉ 如果沒有的原因

1. 如果電腦有啓動，但是「電源指示燈」沒有亮，就是面板連接線的「POWER LED」線接反了。

2. 面板連接線的「POWER SW」沒有接對。

3. 電源供應器的總開關沒有開。

4. 電源供應器的電壓伏特沒有調到110V或115V。

5. 主機板的主電源插頭(包含+12V接頭)是否有接好。

STEP 05 螢幕可以看見CPU、記憶體、硬碟等資訊，可以按下鍵盤上的「Pause」，讓電腦暫停，即可仔細察看硬體資訊。

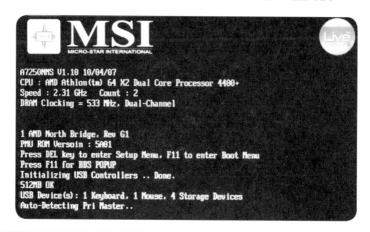

◉ 如果沒有的原因

1. 電腦開啓，但是沒有畫面，請檢查訊號線是否有連接妥當。

2. 如果沒有聽到電腦的「嗶一聲」(開機正常訊息)，那代表電腦零組件中有問題，請再次檢查。

3. 顯示器有問題，請更換其他顯示器試試看。

4. 在BIOS畫面，如果有安裝的零組件，卻沒有顯示出來，請再確認排線、電源是否有連接妥當。

5. 按一下「Pause」螢幕沒有暫停反應，代表鍵盤安裝錯誤，檢查是否連接正確或者故障。

STEP 06 接下來，按鍵盤任意鍵解除「暫停」，最後會出現「DISK BOOT FAILURE, INSERT SYSTEM DISK AND PRESS ENTER」的訊息，是因為電腦還沒有裝入作業系統或開機程式，所告知的錯誤訊息，等安裝Windows之後，就不會出現這樣的訊息了。

STEP 07 接著，點按鍵盤的「Caps Lock」(大小寫鎖定)和「Num Lock」(數字鍵鎖定)等鍵，察看燈號是否有亮起和熄滅。

◉ 如果沒有的原因

1. 若按鍵反應正常，燈號卻不正常，代表鍵盤可能有問題，建議換新。

2. 插頭插錯到滑鼠的連接埠了。

STEP 08 按下光碟機的「退片鍵」，試試看光碟機是不是可正常動作。

◎如果沒有的原因

1. 檢查光碟機電源是否有連接妥當。
2. 可能光碟機有問題，需要更換。

STEP 09 開機過程中軟碟機指示燈會自我測試亮起數秒鐘。

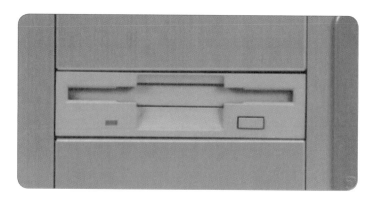

◎如果沒有的原因

1. 軟碟機的電源可能沒有連接妥當。
2. 軟碟機指示燈若一直亮或開機後沒有亮起數秒鐘，則為排線接反。將排線換個面插入即可。

STEP 10 檢查光學或藍光滑鼠,是否有閃爍紅色或藍色的光,有即表示正
常(雷射滑鼠沒有光)。

◎ 如果沒有的原因

1. 請檢查是否有插錯PS/2埠,或者沒有插到底。

2. 滑鼠故障。

STEP 11 必要時可以打開機殼,察看電源供應器風扇、CPU風扇、機殼風
扇是否都正常運作。

◎ 如果沒有的原因

1. 請檢查各風扇的插座是否有插錯、不牢固。

2. 風扇可能故障。

> 🔊 **知識補充** 開機畫面出現「CMOS Checksum Error」
>
> 如果電腦開機後,畫面出現「CMOS Checksum Error」,代表BIOS的設定錯誤。解決方法很簡單,只需要按下鍵盤的「Del」或「F1」鍵,進入BIOS設定畫面後,再選擇「SAVE to CMOS and EXIT」(跳出儲存),即可解決此問題。

16-19-2 電腦故障「嗶嗶聲」的意義

如果電腦零組件有異常,導致無法開機,此時電腦會有「嗶嗶聲」告知使用者有問題出在哪裡,透過下列表格,就可以知道這些嗶嗶聲的意義為何。不過,不同BIOS品牌,叫聲會有不同。

❏ AMI BIOS故障嗶聲的意義

嗶聲數與長短	意義	解決方式
1短	記憶體刷新(Refresh)異常	重插或更換記憶體
2短	記憶體同位元檢查錯誤	請重設BIOS預設值
3短	前 64K 記憶區段檢測失敗	更換記憶體
4短	系統計時器異常	維修或更換主機板
5短	CPU異常	檢查或更換CPU
6短	鍵盤控制器異常	檢查連接埠
7短	CPU發生中斷異常	檢查CPU或換主機板
8短	顯示卡未裝妥或顯示記憶體異常	檢查或更換顯示卡
9短	BIOS ROM檢查異常	檢查或維修主機板
10短	CMOS異常	
11短	快取記憶體錯誤	

□ PHOENIX-AWARD BIOS故障嗶聲的意義

嗶聲數與長短	意義	解決方式
1 短聲	系統啟動正常	
2 短聲	CMOS異常(BIOS設定異常)	請重設BIOS預設值
1長1短	記憶體異常	重插或更換記憶體
1長2短	顯示卡異常	重插或更換顯示卡
1長3短	鍵盤異常	檢查連接埠和鍵盤
1長9短	BIOS異常	維修或更換主機板
不斷長聲	檢測不到記憶體	檢查或重插記憶體
不斷急響	電源供應異常	更換電源供應器

自我評量

◎ 選擇題

( ) 1. 如何才能避免人體靜電損壞主機板？(A)組裝前洗手 (B)保存主機板需要放在靜電袋內 (C)避免接觸晶片 (D)以上皆是。

( ) 2. 安裝三通道記憶體時，請問安裝敘述何者正確？(A)依照插槽順序安裝 (B)相同通道都是安裝相同顏色的插槽 (C)雙通道只要在BIOS設定就可以開啟 (D)以上皆非。

( ) 3. 安裝電源供應器時，需要將後面的電壓開關設定成？(A)240V (B)100V (C)115V (D)250V。

( ) 4. 目前主流的顯示卡要插在什麼插槽上？(A)PCI-E x4 (B)PCI (C)PCI-E x1 (D)PCI-E x16。

( ) 5. 安裝硬碟所要注意的，以下何者為錯誤的？(A)兩個硬碟間盡量靠近安裝 (B)四個螺絲必須要固定 (C)可隨意插入任何一個SATA埠 (D)盡量安裝在風扇旁邊。

( ) 6. 安裝IDE儲存裝置時，必須要先確認什麼？(A)確認光碟機要安裝在機殼哪個位置 (B)確認主從設定 (C)安裝在哪個IDE插座 (D)以上皆非。

( ) 7. 滑鼠的PS/2連接埠是什麼顏色的？(A)黃色 (B)黑色 (C)綠色 (D)紫色。

( ) 8. 鍵盤的PS/2連接埠是什麼顏色的？(A)藍色 (B)灰色 (C)綠色 (D)紫色。

( ) 9. 連接喇叭時，要接在哪個顏色的3.5mm連接埠上？(A)黃色 (B)橘色 (C)紫色 (D)綠色。

( ) 10. 打開顯示器，若畫面沒有顯示「No Signal」，下列哪個問題最不可能？(A)電源線沒有接好 (B)顯示器後方還有一個電源總開關 (C)顯示器可能有故障 (D)以上皆非。

( ) 11. 按下電腦主機的電源開關，「電源指示燈」沒有亮，下列哪個問題最不可能？(A)「POWER LED」線接反 (B)顯示卡沒插好 (C)電源供應器的總開關沒有開 (D)電壓伏特沒有調到110V或115V。

( ) 12. 電腦開機後，螢幕最後會出現「DISK BOOT FAILURE, INSERT SYSTEM DISK AND PRESS ENTER」的訊息，代表的意義是？(A)顯示卡無法正常顯示開機畫面 (B)記憶體檢測失敗 (C)還沒裝作業系統 (D)風扇有問題。

( ) 13. 使用AMI BIOS在開機後電腦蜂鳴器叫1長3短，表示意義為？(A)電源異常 (B)顯示卡異常 (C)記憶體異常 (D)CMOS異常。

( ) 14. 使用AMI BIOS在開機後電腦蜂鳴器叫5短音，表示意義為？(A)CMOS異常 (B)顯示卡異常 (C)記憶體異常 (D)CPU異常。

N . O . T . E

CHAPTER 17

BIOS的設定

BIOS是統整電腦硬體狀態的程式，每部電腦啟動時都要透過BIOS來開始各項工作，如果有任何錯誤，電腦就會停擺，所以安裝作業系統前，必須要先設定BIOS。

電腦組裝完成，接著要安裝作業系統以前，建議先把電腦BIOS的基本設定完成，讓作業系統可以自BIOS取得最正確的硬體資訊。不過，現在BIOS都相當聰明，可以自動抓取各項新的硬體規格資訊，所以我們只要稍做基本設定與調整即可。基本設定包括有日期、時間、磁碟開機順序和基本檢查等，設定過程都相當簡單。

BIOS和CMOS的關係

BIOS(Basic Input / Output System)與CMOS(Complementary Metal Oxide Semiconductor，互補金氧半導體)，兩者的關係非常密切。BIOS的程式是儲存在唯讀記憶體(ROM)中，因為它是唯讀性質，所以我們設定BIOS的「設定值」就要另外儲存在CMOS中，才能讓電腦在每次開機時，能知道我們要電腦開啟或關閉哪些硬體功能。

CMOS必須要靠電力維持記憶，因此，所有主機板都會設計一個水銀電池來供應電力，當它沒電、短路或被拆卸下來，CMOS的設定值就會消失，需要裝回電池並重新設定。

此外，電腦開機時顯示的錯誤訊息，若有出現CMOS文字的時候，大部分就是在說BIOS設定值出現問題了，需要進入BIOS重新設定。

目前BIOS有AMI與Phoenix-AWARD兩種類型，又各分有「項目式」和「頁面式」兩種，雖然操作介面有些不相同，但是功能上都是一樣的。

▶ BIOS設定非常重要。

17-2 進入BIOS設定畫面

在按下電腦開關之後，畫面會出現BIOS資訊畫面並且自我測試，此時下方會出現「Press DEL to enter SETUP」等字樣，因為畫面很快就會跳過，所以要盡快按下鍵盤的「DEL」鍵，經過數秒之後，就會進入BIOS設定畫面了。我們就以常見的AMI BIOS為例，分別以項目式和頁面式做簡單的說明和基本設定。

▶ 開機自我測試畫面時，就要按下「DEL」進入BIOS選單。

◀))) 知識補充　使用其他按鍵進入BIOS

1. 有部分主機板的設計是使用「F1」、「F2」或「F10」鍵進入BIOS，如果按DEL無效的話，可以試試看這些按鍵或參考說明書。

2. 有少部分的主機板，在第一次開機時，畫面會顯示「Press F1 to run SETUP」等字樣，表示第一次使用需要先初步設定BIOS，電腦才可以正常使用，設定完儲存BIOS，往後進入BIOS都是使用「DEL」鍵了。

3. 自行更新BIOS之後，在第一次開機也會顯示「CMOS checksum error」與「Press F1 to BIOS」，此時也可以使用「F1」進入BIOS。

CMOS checksum error - Defaults loaded

▶ 若CMOS被清空，就會出現CMOS 錯誤的訊息。

17-2-1 AMI BIOS 項目式選單的意義

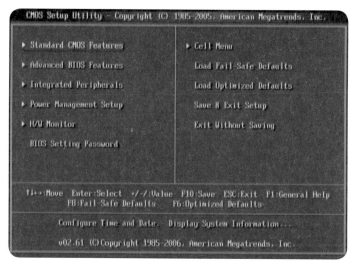

▸ AMI項目式主選單。

1. Standard CMOS Features(標準 CMOS 功能)：此項目為設定最基本的系統組態，如時間、日期、磁碟機設定值和系統資訊等。

2. Advanced BIOS Features(進階 BIOS 功能)：為進階功能選項，可以設定CPU、晶片組所提供的硬體功能，其中開機時讀取磁碟機的順序設定(Boot Sequence)是最常用的設定。

3. Integrated Peripherals(整合型周邊)：可以設定周邊連接埠、音效功能、網路連接埠等設定，如USB、IEEE1394、LAN、RAID和eSATA功能的開啟或關閉。

4. Power Management Setup(電源管理設定)：可以設定電源管理，例如：休眠模式、電腦喚醒功能、電源中斷後復電時電腦開啟方式等，與節能省電有關。

5. H/W Monitor(硬體資訊)：電腦散熱設備的風扇轉速、CPU溫度、主機板溫度和風扇設定等，都在此項目中。

6. BIOS Setting Password(設定 BIOS 密碼)：如果要保全電腦，避免他人設定電腦BIOS，可以使用本設定。

7. Cell Menu：如果想要超頻使用，可以使用此項目，能設定CPU、記憶體的頻率與電壓。

8. User Settings(使用者設定)：使用者可以將個人的設定狀態儲存起來，如果設定遺失了，可以很快回復。如果電腦有多人使用，可以儲存各自的設定。

9. Load Fail-Safe Defaults(載入安全預設值)：回復BIOS出廠預設值，為較安全的設定，如果講究穩定，可以讀取則此項目。

10. Load Optimized Defaults(載入最佳預設值)：回復BIOS出廠預設值，為最佳化的設定，可以得到最好的系統效能，但是可能會導致系統不穩定。

11. Save & Exit Setup(儲存並離開設定)：設定BIOS後都要選擇此項目來儲存設定值和退出BIOS。

12. Exit Without Saving(離開但不儲存)：如果不想儲存而離開BIOS，可以選擇此項目。

17-2-2 AMI頁面式選單的意義

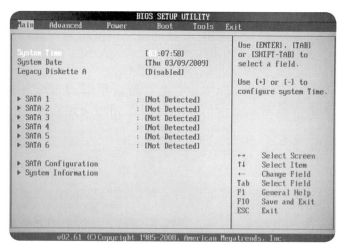

▶ AMI BIOS頁面式主選單

1. Main：為設定最基本的系統組態，如時間、日期、磁碟機設定值和系統資訊等。

2. Advanced：為進階功能選項，可以設定CPU超頻頻率、晶片組硬體功能、內建周邊設備連接埠等設定。

3. Power：可以設定電源管理，例如：休眠模式、電腦喚醒功能、電源中斷後復電設定，以及電腦狀態監控，如風扇轉速、CPU溫度、主機板溫度等。

4. Boot：與開機有關的設定都在此類，較重要的是開機時讀取磁碟機的順序和BIOS密碼設定等。

5. Exit：選擇此項目可以在設定後儲存或不儲存設定值，也可以設定載入原廠預設值，以及退出BIOS設定。

17-3 BIOS日期、時間的設定

進入BIOS畫面，如果是頁面式 BIOS，可以馬上看見簡單的系統資訊和日期時間，此時可以操作鍵盤的「上」、「下」按鍵，反白游標就會依照指示移動。

先移動到最下面的「System time」和「System Date」，再利用「數字鍵」設定時間，設定完「月」，即可用「Enter」鍵跳到「日」，再來「年」(月/日/年)。設定完成後按下「F10」即可儲存與跳出BIOS。

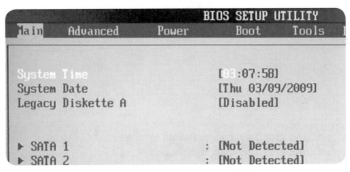

BIOS SETUP UTILITY

Main	Advanced	Power	Boot	Tools

System Time   [03:07:58]
System Date   [Thu 03/09/2009]
Legacy Diskette A   [Disabled]

▶ SATA 1   : [Not Detected]
▶ SATA 2   : [Not Detected]

▶ AMI BIOS頁面式的時間設定畫面。

若BIOS是項目式，則是看到選單畫面，利用鍵盤的「上」、「下」按鍵，可以選擇要到的選單位置，選定後按下「Enter」鍵，即可進入選單。我們要設定時間，位置在「STANDARD CMOS SETUP」。

進入後即可看到「Date(MM:DD:YY)」部分，可再利用「＋」或「－」設定時間，設定完「月」，即可用方向鍵的「右」跳到「日」，再來「年」(月/日/年)。設定完成後按下「F10」儲存或「Esc」即可儲存與跳出BIOS。

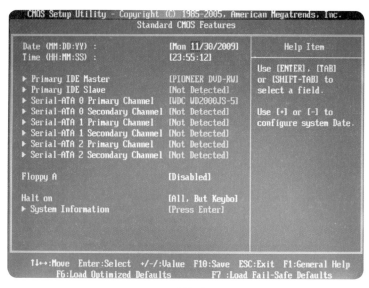

▶ AMI BIOS項目式的時間設定畫面。

17-4 設定開機磁碟機順序

　　新的電腦因硬碟是空的，所以在開機時，是沒有任何作業系統可以執行。所以必須要告知電腦，要到哪台磁碟機裡讀取開機檔或安裝作業系統。因此，要先到BIOS中設定「開機磁碟機優先順序」，電腦可以依照順序到各個磁碟機裡抓取開機程式，如硬碟＞光碟機＞軟碟機＞USB等。

　　設定開機順序需先進入BIOS設定畫面，如果是AMI BIOS頁面式，則使用「右」鍵到「Boot」頁面，選擇「Boot Device Priority」，按下「Enter」，即可進入設定畫面。在「1st Boot Device」的部分，利用「＋」或「－」調整到「CDROM」，即可完成安裝。最後利用「F10」鍵儲存並跳出BIOS即可。

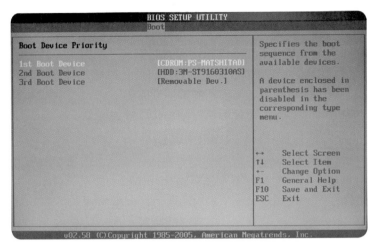

▶ AMI BIOS頁面式開機順序設定畫面。

　　若為AMI BIOS項目式，則可將反光棒移到「Advanced BIOS Features」項目，按下「Enter」進入，利用「上」、「下」鍵，選擇「Boot Sequence」項目，再按下「Enter」進入選項中，在「1st Boot Device」的部分，透過「Enter」選擇「CD/DVD Drive」，即可完成設定。使用「Esc」鍵儲存並跳出BIOS。

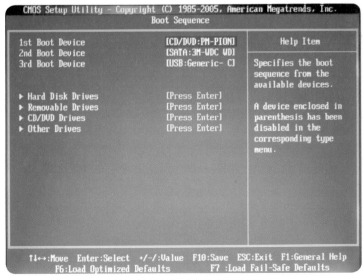

▶ AMI BIOS項目式開機設定畫面。

知識補充 設定開機順序的建議

Windows作業系統是採用光碟片執行開機和安裝,所以第一開機順序當然是使用「**CD-ROM** 光碟機」,不過,順序的設定每個人都有自己的習慣,可以依照不同的情況來設定,我們推薦的順序如下:

1. 硬碟是全新的,要在光碟機安裝作業系統,請調整為:

  硬碟 > 光碟機 > 軟碟機…

因為在硬碟抓不到開機檔,就會到第二順位光碟機中取得,待安裝作業系統到硬碟裡後,下次開機就會在第一順位的硬碟裡取得,很快進入開機程序,而且不用再設定開機順序,可減少未來的開機時間。

項目式

```
1st Boot Device                    [SATA:3M-WDC WD]
2nd Boot Device                    [CD/DVD:PM-PION]
3rd Boot Device                    [USB:Generic- C]
```

頁面式

```
1st Boot Device                    [HDD:3M-ST9160310AS]
2nd Boot Device                    [CDROM:PS-MATSHITAD]
3rd Boot Device                    [Removable Dev.]
```

▶ 硬碟若為新的,可以直接就設定為第一開機順序、光碟機為第二。

2. 硬碟已經有作業系統,能夠開機,但是要新安裝作業系統,請調整為:光碟機 > 硬碟 > 軟碟機…,因為要新裝作業系統在已有開機檔的硬碟裡,所以需要先用光碟機開機,再安裝作業系統到硬碟裡,覆蓋硬碟舊有的作業系統。

項目式

```
1st Boot Device                    [CD/DVD:PM-PION]
2nd Boot Device                    [SATA:3M-WDC WD]
3rd Boot Device                    [USB:Generic- C]
```

頁面式

```
1st Boot Device                    [CDROM:PS-MATSHITAD]
2nd Boot Device                    [HDD:3M-ST9160310AS]
3rd Boot Device                    [Removable Dev.]
```

▶ 若硬碟不是新的,具有開機檔在裡面,那就要設定光碟機為第一開機順序。

17-5 還原BIOS預設值

如果設定BIOS錯誤，又忘記之前的預設設定是什麼時，可以使用回復原廠預設值的方式來解決。

✪ 軟體的方式還原

若為AMI BIOS頁面樣式，可以到「Exit」，然後再選擇「Load Setup Defaults」，跳出確定畫面後，選擇「OK」，所有BIOS設定就回復成原廠設定了。

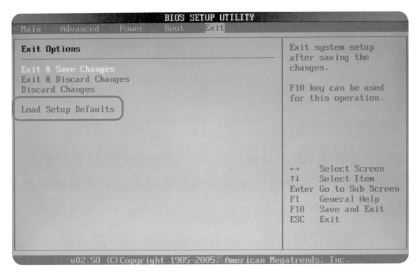

▶ 頁面式的回復預設畫面

若為AMI BIOS項目樣式，可以直接在主畫面找到「Load Fail-Safe Defaults」或「Load Optimized Defaults」，如果在意效能，可以選擇後者，如果在意的是穩定性，則可以選擇前者。出現確認畫面後，也是選擇「OK」，即可回復到原廠預設值了。

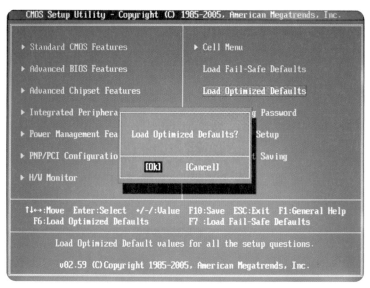

▶ 項目式的原廠預設值設定畫面。

✪ 硬體的方式還原

如果設定BIOS嚴重錯誤，例如：調整CPU時脈和倍頻、記憶體設定錯誤等等，都可能發生無法開機的後果，可以使用硬體的方式讓CMOS短路，清空裡面所有的設定資料，達到回復原廠設定值。

請先把電腦電源關閉，並拔除電源插頭，然後在主機板上找到「Clear CMOS」、「JBAT1」或者是「CLRTC」的Jumper接針。

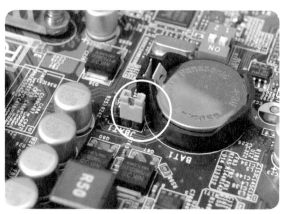

▶ JBAT1是清除CMOS的接針。

原本它是接在1和2針上，請將Jumper拔起來插在2和3接針上讓CMOS短路，靜待約數秒後再把Jumper還原到1和2針上。

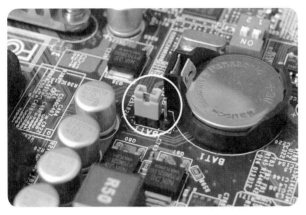

▶ 接在2和3針後數秒，再還原為1和2針。

完成後插上電源插頭、打開電腦電源，出現「CMOS checksum error」與「Press F1 to BIOS」，請按下「F1」鍵，就可以再次進入BIOS中設定了。

▶ 請按下F1進入 BIOS。

◀)) 知識補充 如果沒有JBAT1的Jumper接針怎麼辦？

如果找不到JBAT1的Jumper，可以使用拔除電池的方式，讓CMOS的記憶消失。

請先把電腦電源關閉，並拔除電源插頭，然後在主機板上找到BIOS的電池。

▶ BIOS電池圖。

將電池拔下來，靜待幾秒鐘後再裝回去即可，很簡單吧！

▶ 將BIOS電池取下。

◎ 選擇題

( ) 1. BIOS是使用什麼記憶體？(A)隨機存取記憶體 (B)快閃記憶體 (C)唯讀記憶體 (D)快取記憶體。

( ) 2. BIOS的設定值都存在什麼地方？(A)RAM (B)Flash memory (C)CMOS (D)L2。

( ) 3. CMOS依賴的電力是？(A)電源供應器 (B)水銀電池 (C)三號電池 (D)充電電池。

( ) 4. 一般進入BIOS需要在開機自我測試畫面下按什麼按鍵？(A)DEL (B)Ctrl (C)Shift (D)Insert。

( ) 5. 使用光碟安裝Windows時，需要設定BIOS什麼項目才可以順利安裝？(A)Boot Device Priority (B)Advanced BIOS Features (C)Cell Menu (D)Power Management Setup。

( ) 6. 使用硬體的方式將CMOS清空，是使用什麼接針？(A)SPDIF OUT (B)JBAT (C)COM (D)RS232。

( ) 7. 除了使用接針短路的方式將CMOS清空，另一個方式是？(A)拔除電源插頭 (B)拔除+12V的電源 (C)拔除水銀電池 (D)以上皆非。

N.O.T.E

CHAPTER 18
作業系統的安裝

電腦必須要有作業系統，才可以執行各種應用
軟體，完成許許多多的工作。而目前市面上，
Microsoft Windows XP是普遍性最高的作業系
統，其次是Windows 7和Windows Vista，然而新
的Windows 7也已逐漸取代掉Windows Vista，
因此，本章將分別以最受歡迎的Windows XP和
Windows 7作業系統為教學範本，讓讀者自行選
擇安裝的作業系統。

18-1 認識Windows作業系統

電腦少了作業系統，不管它的配備多好、多昂貴，都只是一部廢鐵。由微軟公司(Microsoft)推出的Windows系列，就是透過一個個如同視窗的畫面，用滑鼠點選功能項目，就可以命令電腦做想做的工作。避免在DOS時代，要命令電腦做任何事情都要輸入指令和程式碼，讓電腦與人更親近。

雖然除了Windows系統之外，還有許多公司推出作業系統，如Linux系列等，但是因為缺乏硬體驅動程式、軟體的完善支援和安裝不便，讓Linux一直無法戰勝Windows，市場一直都很小。

Windows XP系列視窗作業系統是微軟公司推出的作業系統中，最受市場考驗與歡迎的一項產品，其具有絕佳的相容性、低硬體需求、優異的擴充功能和便利的操作，雖然之後又推出Windows Vista，但是並沒有取代好用的Windows XP。

▶ 微軟WindowsXP視窗作業系統和桌面。(圖片來源：Microsoft)

▶ 微軟Windows Vista作業系統和桌面。(圖片來源：Microsoft)

　　直到2009年10月，萬眾期盼的Windows 7終於到來，改良了許多之前作業系統的問題與經驗，不但具備Windows XP的多項優點，使用介面更具炫麗和親和力，並在功能等方面優於Windows XP和Windows Vista很多。因此如果要選購一套好的作業系統，Windows 7是非常值得考慮的。

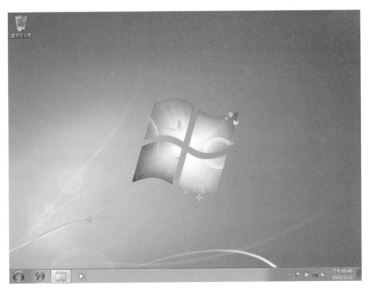

▶ 微軟Windows 7的新標誌和桌面。(圖片來源：Microsoft)

電腦組裝ＤＩＹ全能王

❏ Windows XP的硬體需求表

	基本配備	建議配備
CPU	Pentium 233MHz以上	Pentium 300 MHz以上
記憶體	64 MB以上	128 MB以上
硬碟容量	1.5 GB以上	
顯示介面	Super VGA (800×600解析度)	
其他	CD-ROM/DVD-ROM光碟機、音效介面輸出	

參考資料：Microsoft網站

❏ VISTA和7的硬體需求表

	Windows Vista		Windows 7
	基本配備	建議配備	建議配備
CPU	800 Mhz以上	1 GHz以上	1 GHz以上
記憶體	512 MB以上	1 GB以上	1 GB(32 bit) 2 GB (64bit) 以上
硬碟容量	20 GB以上 (另15GB可用)	40 GB以上 (另15GB可用)	16 GB(32 bit) 20 GB (64bit) 以上
顯示介面	DirectX 9 32MB顯示記憶體	DirectX 9 128 MB 顯示記憶體	DirectX 9
其他	DVD-ROM光碟機、音效介面輸出、網際網路(可能需另外付費)		

參考資料：Microsoft網站

18-2 Windows 7作業系統安裝

這節將說明Windows 7作業系統的安裝步驟。

STEP 01 將Windows 7的安裝光碟放入光碟機，並重新開機，等出現如圖的訊息時，按下任意鍵，讓電腦讀取安裝光碟。

STEP 02 電腦會讀取和準備光碟機中的安裝程序。

STEP 03 在數分鐘的讀取後，隨即出現Windows 7的語系、地區等選擇項
目，因為都設定好了，只要稍微確認一下即可。

STEP 04 出現安裝主畫面了，按下「立即安裝」即可。

STEP 05 出現「請閱讀授權合約」的畫面，請將「我接受授權合約」打
勾，並按「下一步」繼續。

STEP 06 請選擇安裝類型，有「升級」和「自訂(進階)」安裝兩種，請選
擇「自訂(進階)」安裝類型即可。

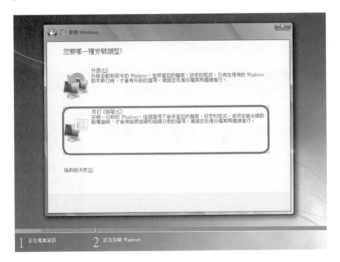

STEP 07 進入分割硬碟機的步驟。如果是使用已經分割好的硬碟機，可以省略此步驟，並直接選擇要安裝的硬碟機。點擊「下一步」進入其他安裝步驟(建議按下「硬碟機選項[進階]」以及「格式化」，將安裝的磁碟機做一次格式化，確保乾淨地安裝作業系統)。

STEP 08 如果是全新的硬碟機，會顯示硬碟機訊息「磁碟未配置的空間」，請按下「磁碟機選項(進階)」來分割硬碟。

STEP 09 可以發現有些選項可以選擇了，請點選新的硬碟機後按下「新增」。

STEP 10 此時會出現「容量設定」，可以輸入磁區的容量，第一個建立的磁區是用於安裝Windows作業系統，所以容量的設定非常重要。一般建議安裝作業系統的磁碟機要有16GB以上容量，而40GB以上容量為最佳(此為以MB為單位，1GB等於1024MB，示範為設定35GB，請輸入35840MB)。設定後按下「套用」。

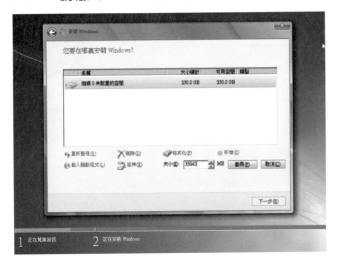

STEP 11 出現警告視窗，是告知安裝程式會自動分割一個100MB的「系統保留」專用磁區，可以按「確定」繼續。

STEP 12 可以發現除了有一個剛剛我們設定的容量35GB磁區，也多了一個100MB的「系統保留」磁區，請不用理會。

STEP 13 以剛剛教的分割磁區方式再將其他未分割磁區分割完成，容量可以視用途而定，我們是將剩餘的200GB分成兩個磁區，以方便分類放置檔案。

STEP 14 請選擇剛剛設定用來安裝作業系統的35GB磁區，並按「下一步」。

STEP 15 此時看到「正在安裝Windows…」，即進入安裝程序，請等待各
步驟安裝完成。

STEP 16 安裝程式會自動執行重新開機一次。

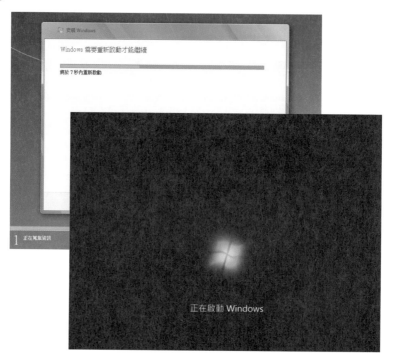

STEP 17 並繼續等待安裝其未完成部分。

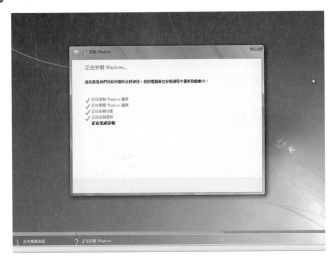

STEP 18 安裝步驟完成後會再次執行重新開機。

STEP 19 會出現「安裝程式正在準備電腦以供初次使用」。

STEP 20 進入Windows 7個人化設定程序,請輸入使用者名稱和電腦名稱
(即區域網路中會看到的電腦名稱)。

STEP 21 請輸入使用者帳戶的密碼,即開機密碼。如果開機時想要直接進
入Windows,不需要密碼,可以保持空白,直接按「下一步」。

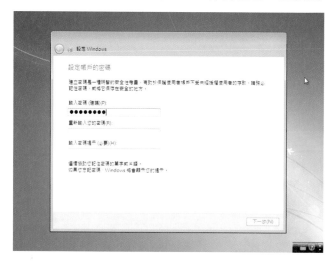

STEP 22 請輸入產品金鑰，也就是產品序號，可以在光碟包裝中找到安裝
序號，並點選打勾「當我在線上時自動啓用Windows」項目。

STEP 23 接著進入自動安裝更新的設定步驟，建議只要選擇「使用建議的
設定」即可。

STEP 24 設定電腦時間和時區。

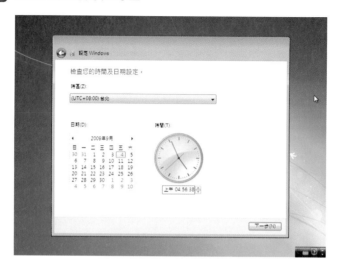

STEP 25 如果電腦有連接網路，會出現「請選取您電腦目前的位置」，如果在家裡使用電腦，選擇「家用網路」即可。

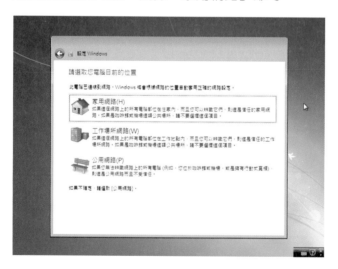

STEP 26 最後步驟完成了，Windows 7正在完成最後階段安裝。

STEP 27 陸續看到「歡迎」、「正在準備您的桌面」畫面後，出現
Windows 7桌面，就表示已經完成所有安裝程序。

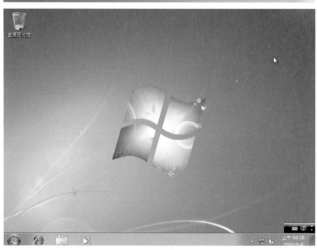

18-3 安裝**Windows XP**作業系統與更新

18-3-1 Windows XP的安裝

STEP 01 將Windows XP的安裝光碟放入光碟機。

STEP 02 開機後,電腦會抓取光碟機的安裝光碟中的安裝程序,在數分鐘的讀取後,隨即出現Windows XP的歡迎畫面。

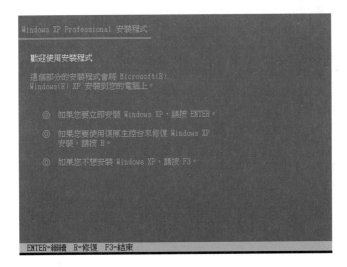

STEP 03 按下「Enter」繼續下一步。可以看到「授權合約」，瀏覽後請按下同意「F8」鍵。

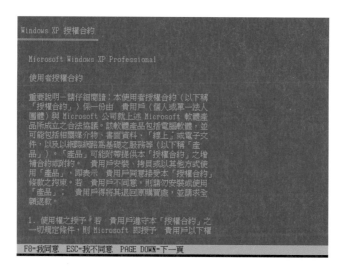

STEP 04 如果硬碟是全新的，會出現建立「硬碟磁區分割」的畫面，顯示「未分割空間　XXXXX MB」字樣，表示硬碟尚未被分割，請按下「建立磁碟分割」的「C」鍵；如果不分割硬碟，要直接安裝的話，可以按下「ENTER」，並跳到下個安裝步驟。

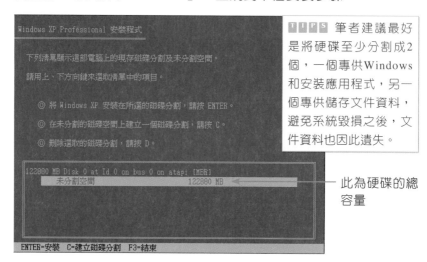

> ᴛᴵᴾꜱ 筆者建議最好是將硬碟至少分割成2個，一個專供Windows和安裝應用程式，另一個專供儲存文件資料，避免系統毀損之後，文件資料也因此遺失。

此為硬碟的總容量

STEP 05 為「建立磁碟分割區」的畫面，首先要分割給Windows作業系統使用的主磁碟「C槽」，在「建立磁碟分割的大小)單位MB)」的項目中，鍵入想要分割給主磁碟容量大小，直接使用數字鍵輸入即可，以MB為容量單位，若為20GB，請輸入20480(20GB×1024MB＝20480MB)」，設定完後按下「ENTER」鍵到下一步。

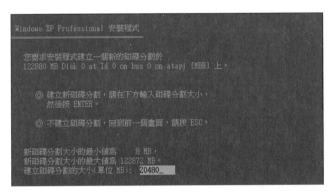

STEP 06 跳回「硬碟磁區分割」的畫面，可以看到硬碟產生出「C槽」，如果沒錯的話，可以如法炮製剩餘的磁碟容量，如「D、E、F槽」。設定完成後，將光棒選擇到「C：」，按下「ENTER」繼續。

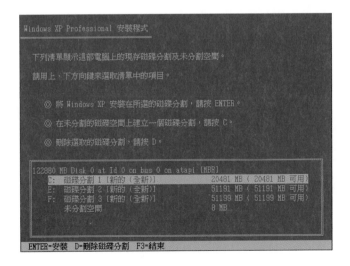

TIPS 在安裝作業系統時，除了C槽，其他磁碟區暫時都用不到，所以可以選擇「跳過」不用先分割其他磁碟區，直接進入Windows安裝作業系統的程序。待安裝完成後，作業系統裡也有好用的磁碟分割工具可使用。

STEP 07 分割完後，接下來是格式化(Format)硬碟機的畫面，有NTFS和FAT兩種磁碟格式供選擇，選擇「將磁碟分割格式化為NTFS檔案系統(快速)」，按下「ENTER＝繼續」。

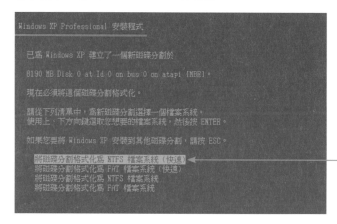

建議使用NTFS，具備較好的安全性和檔案加密等功能

STEP 08 電腦將磁碟格式完後，安裝程序就會自動將Windows安裝檔案複製到硬碟裡，並且重新開機。

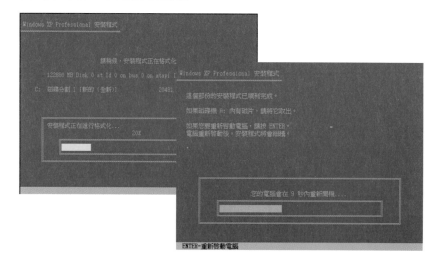

STEP 09 開機完後，隨即進入到「圖形化安裝介面」，左邊可以看到剩餘時間，此時可以去喝杯茶或休息片刻。

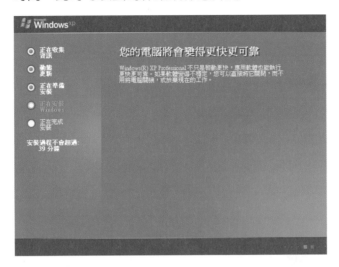

STEP 10 安裝到達一個段落，出現「地區及語言選項」，確認是「台灣」和「繁體」，即可按「下一步」。

STEP 11 在「個人化您的軟體」畫面，請輸入「姓名」與「公司組織名稱」，若要使用中文文字，可以使用「Ctrl+Shift」呼叫輸入法工具使用。

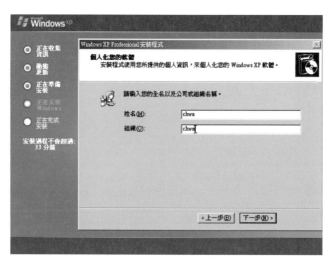

STEP 12 輸入「產品金鑰」，在原版的包裝裡，會有提供「產品金鑰序號」，填入即可，並按「下一步」。

STEP 13 請在「電腦名稱以及系統管理員密碼」畫面，輸入想要在網路上顯示的電腦名稱，按「下一步」。

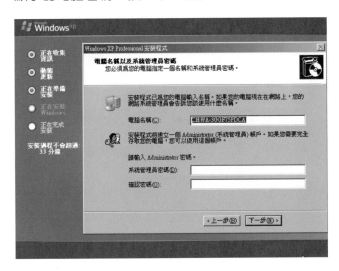

STEP 14 接下來，請確認「日期與時間」，若有錯誤可直接修正，完成後按「下一步」。

STEP 15 如果電腦有連接網路線，則會顯示「網路設定值」的安裝畫面，否則會直接跳到「即將完成安裝(步驟17)」的畫面，請點選「一般設定」即可，選擇好後按「下一步」。

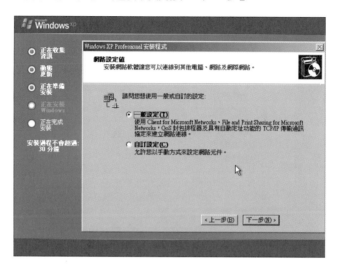

STEP 16 設定「工作群組與電腦網域」，點選預設值的「否」，如果所處環境有區域網路，可以填入區域網路的群組名稱，完成後按「下一步」。

STEP 17 安裝完成後電腦會自動重新開機。

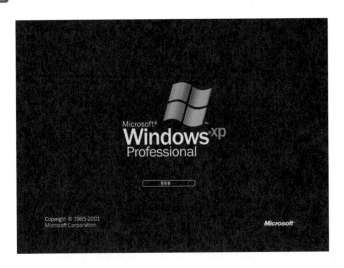

STEP 18 重新開機完成，會告知調整「顯示器設定值」，按下「確定」。

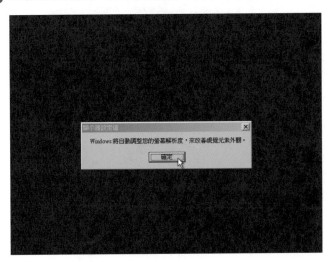

STEP 19 跳出「監視器設定」對話框，再次按下「確定」。

STEP 20 進入「歡迎畫面」。

STEP 21 如果有連接網路，就會出現「檢查網路連線」的畫面，否則會直接跳到下個畫面。

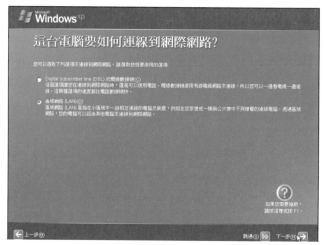

STEP 22 接下來是輸入「使用者名稱」的畫面，如果有多人同時使用一部電腦，請一一輸入名稱，設定完成後按「下一步」。

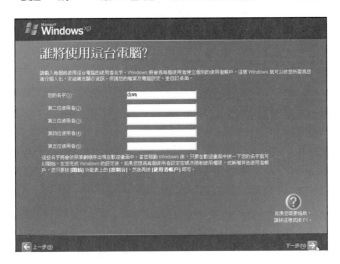

STEP 23 看到「謝謝您」的畫面，表示已經完成Windows作業系統安裝了，按下「完成」即可跳出。

18-3-2 安裝Windows XP Service Pack 3更新套件

　　Windows XP已經推出非常久的時間，因此，有許多安全漏洞、功能更新和程式修正都要在日後加入，所以必須要使用Service Pack套件來完成，而Windows XP Service Pack 3(簡稱SP3)就是微軟提供Windows XP最新的更新套件，也是最後一個版本(微軟公司已宣布不再更新Windows XP)。

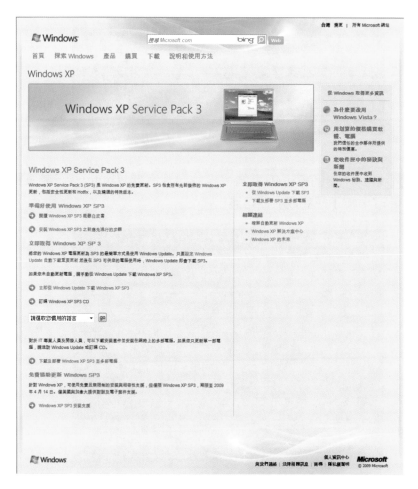

▶ 微軟Windows XP Service Pack 3更新資訊網站：http://www.microsoft.com/taiwan/windows/products/windowsxp/sp3/

在安裝Windows XP時，建議使用的「安裝光碟片」盡可能取得具有更新套件Windows XP SP3的版本，如「Windows XP with Service Pack 3」，如果沒有的話也沒關係，可以利用三種方法取得：

1. 使用「Windows Update自動更新」程式，自動下載最新版的Service Pack。

2. 從微軟網站手動下載Service Pack 3套件或光碟燒錄映像檔。

3. 與微軟接洽購買Service Pack 3更新光碟。

更新Windows XP SP 3之前要注意的是，若要安裝Windows XP SP3，系統必須已有安裝Windows XP SP1a的更新套件。

☼ 如何察看Windows XP的版本

點選「開始」功能表，選擇「控制台」，開啟「控制台」視窗，再點選「效能及維護」，選擇「系統」，開啟「系統內容」對話方塊，即可看到Windows版本資訊。

▶ Windows 版本資訊。

18-4 硬碟機磁區的分割

現在硬碟的價格越來越便宜，只要花少許的金錢，即可獲得超大的儲存容量。所以為了能夠將硬碟容量獲得最佳的使用率，分割硬碟就顯得相當重要。

硬碟機在使用之前，必須要建立「分割區(Partition)」，以標記硬碟機裡能記錄資料的開頭與結束位置，讓電腦知道資料該放在硬碟中的哪裡，而開頭與結束位置之間的空白就是「儲存容量」，硬碟機裡有一小塊磁區是記錄分割區的位置資訊，稱為「分割表」。

18-4-1 分割的概念

分割區有「主分割磁區(Primary)」、「延伸分割磁區(Extended)」和「邏輯分割磁區(Logic)」等3種。它們彼此的關係就像切蛋糕，一個蛋糕最多可以分成4個大塊，其中只有1個大塊可以再分成多個小塊蛋糕，這個大塊稱為「延伸分割磁區」，被分解成小塊的蛋糕如同「延伸分割磁區」，其他3個大塊蛋糕則為「主分割磁區」。不過，不一定非要分割成4個大塊，也可以分割成1個主分割磁區和1個延伸分割磁區等，在限制內依照需求來做分割。

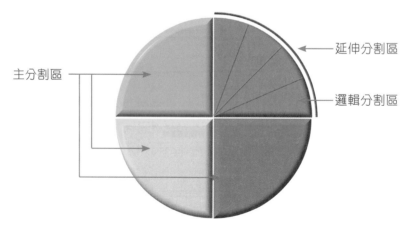

▶ 硬碟機分割就如同切蛋糕。

18-4-2 簡易製作分割區

　　剛剛在安裝Windows時，可以透過安裝程式中的硬碟分割功能，將硬碟分割好，不過，如果安裝完成後，想要新增或更改分割，又要怎麼做呢？

　　雖然坊間有許多軟體可以分割硬碟機，不過大都要付費和摸索學習。其實在Windows系列裡的「磁碟管理」工具，就可以進行分割工作，省錢又方便，以下我們就提供簡單的說明。(分割會讓硬碟中的資料消失，所以在分割之前，請確認硬碟內沒有資料。)

STEP 01 執行「開始」，將游標移到「我的電腦」上，點選滑鼠「右鍵」，即可出現選單，選擇「管理」，就會出現「電腦管理」視窗。

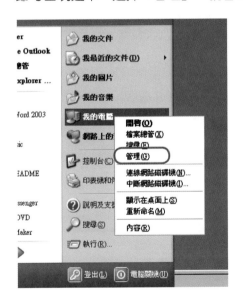

STEP 02 在「電腦管理」視窗中的左邊,選擇「存放」中的「磁碟管理」。

STEP 03 點選「磁碟管理」之後,右邊視窗就會出現電腦中所有磁碟機的資訊,包括軟碟機、硬碟機、光碟機等。

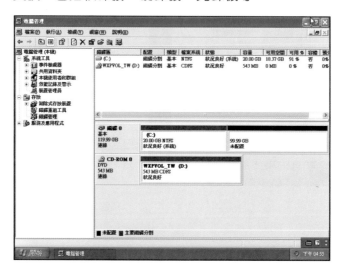

STEP 04 在想要建立磁碟分割的「未配置基本磁碟空間」上按滑鼠「右鍵」，在選單中選擇「新增磁碟分割」。若是在延伸磁碟分割上建立新的邏輯磁碟機，可在想要建立邏輯磁碟機的延伸磁碟分割上按一下滑鼠「右鍵」，再從選單中選擇「新增邏輯磁碟機」。

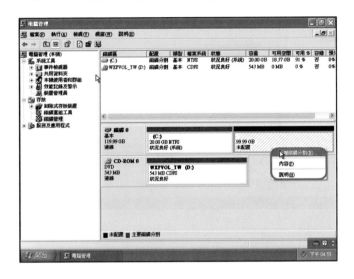

STEP 05 出現「新增磁碟分割精靈」，按「下一步」。

STEP 06 選擇要建立的磁碟分割類型,有「主要磁碟分割」、「延伸磁碟分割」或「邏輯磁碟機」,再按「下一步」。

STEP 07 在 [磁碟分割大小的MB數量],使用數字鍵輸入磁碟分割的大小,再按「下一步」。

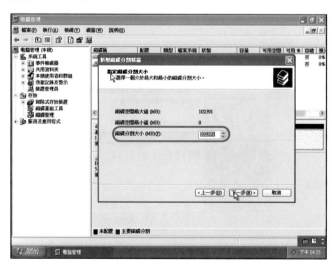

STEP 08 選擇「手動指派磁碟機代號」、「自動列舉磁碟機」或「不要指派磁碟機代號」給新的分割,再按「下一步」

STEP 09 接下來則是格式化(Format)工作,從「不要格式化這個磁碟分割」、「以下列設定值格式化磁碟分割」選擇適合的選項,格式化後,即可完成分割工作。

18-5 格式化硬碟

如果剛剛在安裝作業系統時，多分割出了D槽，卻沒有進行格式化，如此D槽還是不能正常儲存資料。以下是格式化工作的步驟。

STEP 01 按下「開始」，點選「我的電腦」，開啟「我的電腦」視窗。

STEP 02 在「新增磁碟區(D:)」上按下滑鼠右鍵，開啟快顯功能表，於選單中選擇「格式化」。

STEP 03 出現格式化操作視窗，這裡請選擇想要的「檔案系統」，並且點選「快速格式化」，按下「開始」。

STEP 04 設定好後，會出現格式化確認畫面，這裡請按下「確定」。

STEP 05 稍待約數秒到數分鐘，即可格式化完成。

STEP 06 回到格式化操作視窗，按下「關閉」，即可完成格式化工作。可以在該磁區存取資料了。

18-6 安裝驅動程式

電腦內有許許多多的「功能晶片」，也要連接外部各種「周邊設備」，但是必須要透過驅動程式(Driver)，才可以讓作業系統知道要如何跟這些功能晶片、周邊設備做溝通，就像「翻譯員」的工作一樣，不過我們平常在使用電腦時，並不會直接「感受」到它的存在。

▶ 在電腦裡，驅動程式的地位是相當重要的。

剛裝入電腦中的Windows作業系統，因為內部已有包含少部分通用的驅動程式，如滑鼠、主機板、CPU等，所以僅能認識一部分的功能晶片和周邊設備，對於一些新功能與新設備，我們必須要安裝它們的驅動程式，才可讓電腦正常運作。

取得驅動程式，有以下三種方式：

✪ 作業系統內建

最普遍的Windows作業系統中，已經內建了「驅動程式庫」，包含大部分的功能晶片和周邊設備所需的標準驅動程式，只要安裝了驅動程式庫支援的硬體設備，將電腦開機後就可以直接使用，無須進行安裝驅動程式的步驟，不過大都僅提供標準的功能(通用型驅動程式)，如果該硬體還有添加其他功能，可能不能完全發揮其功能。

▶ 在剛安裝完的Windows作業系統，可從裝置管理員中發現有些裝置已經安裝妥當，只有較新的設備，是呈現「問號的未安裝驅動程式」狀態。

✪ 隨機附贈

如果購買新的硬體和周邊產品，都一定會提供驅動程式光碟片或磁碟片，因此，必須要妥善保管。有些產品的驅動程式光碟片中，還提供許多免費的軟體和工具軟體，不要裝完驅動程式後就收起來了，一定要好好瀏覽一下。

不過，有部分產品並沒有提供驅動程式！其實別擔心，它是「通用型」的硬體，如鍵盤、滑鼠、顯示器等，使用Windows作業系統內建的基本驅動程式即可正常使用。

▶ 每個硬體產品，包裝中都有提供驅動程式光碟，需要好好保存。

✪ 網際網路下載

在許多產品的原廠公司網站，都會提供驅動程式下載服務，如果一時疏忽把驅動光碟搞丟了，就可以到這些網站下載驅動程式，透過產品的型號就可以下載到正確的驅動程式了。

此外，驅動程式也常常更新，確保產品能夠有更好的效能與功能，有時也可以到原廠網站逛一下，看看有沒有最新的驅動程式版本可以下載。

▶ 產品的原廠網站都會提供最新的驅動程式。

✪ 安裝驅動程式步驟

在安裝完Windows作業系統之後，一定要到「裝置管理員」看一下有沒有硬體設備沒有安裝妥當，如果有發現「？」的裝置，就需要安裝驅動程式。

STEP 01 點選「開始」功能表，選擇「控制台」，開啓「控制台」視窗，再點選「效能及維護」，選擇「系統」，開啓「系統內容」對話方塊。

STEP 02 點選「硬體」標籤，再點選「裝置管理員」。

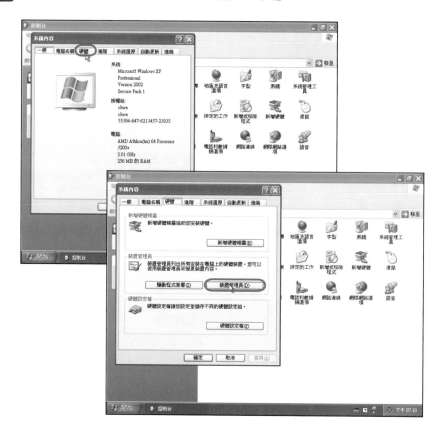

STEP 03 在「裝置管理員」，可以看到有哪些驅動程式未安裝。

STEP 04 按下滑鼠右鍵，在選單中選擇「更新驅動程式」，執行未安裝的驅動程式光碟或安裝檔案。

STEP 05 安裝完成後重新開機。

STEP 06 再回到「裝置管理員」，如果安裝成功，裝置名稱前就不會出
現「？」了。

CHAPTER A
系統映像檔還原

電腦重灌軟體非常耗時，從作業系統到驅動程式，再到許多應用軟體等安裝，需要數小時的工作時間，因此硬碟機若遭遇毀損、程式錯誤或遭遇病毒侵襲，最大的損失是浪費時間，有必要將系統製作還原映像檔，在問題發生時可以快速回復系統映像還原電腦內容。

　　除了Windows XP之外，Windows Vista和Windows 7都有提供類似的系統備份工具，只要幾個步驟就可以備份硬碟機映像檔，可以存放在其他硬碟機、網路磁碟機或燒成DVD光碟片。至於Windows XP的系統映像檔備份，需要使用Ghost等軟體來製作，因此本章將教導如何使用Windows 7內建的備份工具以及使用Ghost創建Windows XP的系統映像檔。

Windows 7系統映像檔的製作與還原

A-1-1 製作系統映像檔

STEP 01 點選「開始」。

STEP 02 點選「所有程式」和「維護」。

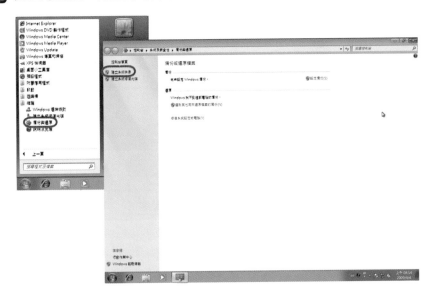

STEP 03 找到「備份與還原」。

STEP 04 在左方點選「建立系統映像」。

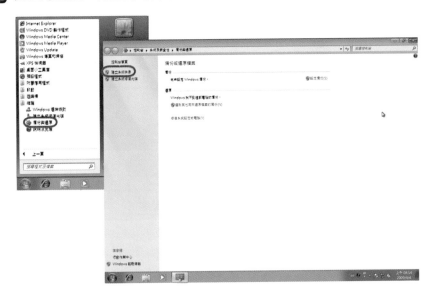

STEP 05 跳出「建立系統映像」視窗後，要選擇備份檔的放置位置。可以選擇「硬碟上」、「在一或多片DVD上」或「位於網路位置」其中一種位置存放。我們在此使用「硬碟」存放，按「下一步」。

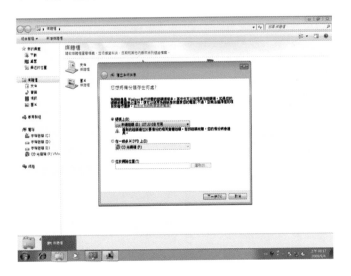

STEP 06 還可以選擇有其他磁碟機一起備份在本次備份工作中，如果沒有的話，保持預設的「C」和「系統保留」兩個選項，確認後按「下一步」。

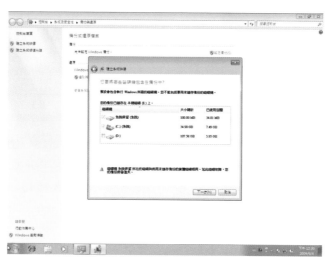

STEP 07 確認備份位置都正確後，按下「開始備份」。

STEP 08 備份建立中。

STEP 09 備份成功完成。

A-1-2 系統映像檔的還原

STEP 01 插入「Windows 7安裝光碟」或「系統修復光碟」，並重新啓動電腦。

STEP 02 請至BIOS中設定由光碟開機。

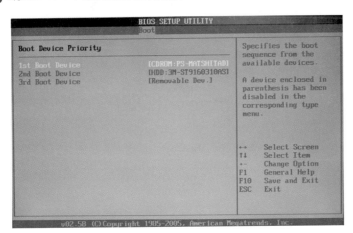

STEP 03 出現Windows 7的安裝畫面選擇語言設定，確認後按「下一步」。

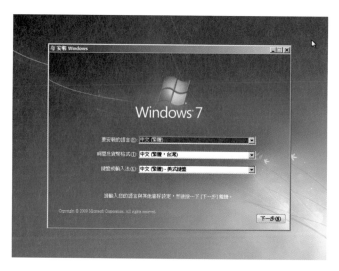

STEP 04 於畫面左下角點選「修復您的電腦」。

STEP 05 出現系統修復選項視窗，選取要復原的磁碟機，按「下一步」。

STEP 06 選擇要修復的工具，點選「系統映像修復」來還原。

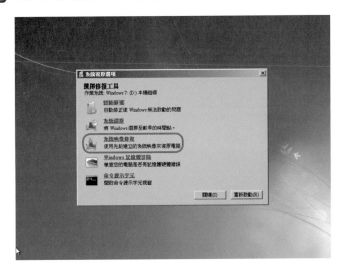

STEP 07 系統會自動搜尋還原映像檔位置，視窗確認無誤後，請點選「下
一步」，否則可選擇「選取系統映像」來手動搜尋映像檔。

STEP 08 出現「選擇其他還原選項」視窗時，可以不用理會，直接「下一
步」即可。

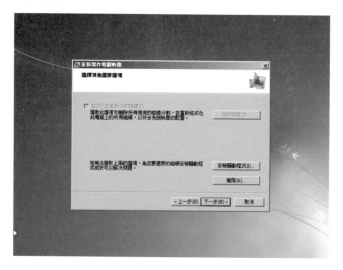

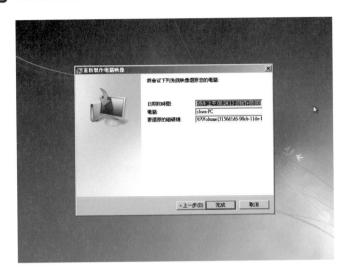

STEP 09 出現確認視窗，點選「完成」。

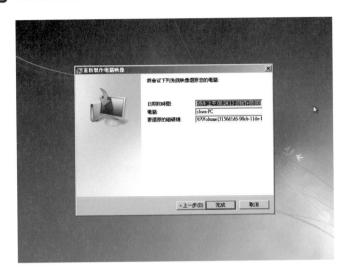

STEP 10 出現還原磁碟機將會清除現有硬碟中的資料，請點選打勾並且按下「是」。

STEP 11 開始進行還原中。

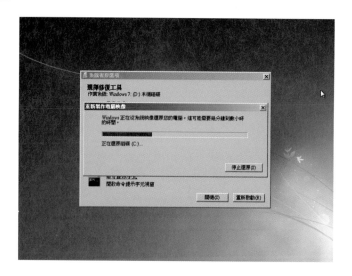

STEP 12 出現還原完成視窗，可以點選立即重新啟動，完成整個系統磁碟的還原工作。

A-2 使用Norton Ghost為Windows系列 作業系統製作系統映像檔與還原

A-2-1 製作系統映像檔

在此使用Norton Ghost 14.0來進行製作與還原映像檔。

STEP 01 安裝Ghost之後，會自動出現設定「備份目的地」的視窗，請點選「定義備份精靈」來建立作業系統「C：/」槽的復原點。

STEP 02 你可以自由選擇備份目的地分割磁區，可以找一個容量大的磁區，如果不確定要放哪個磁區，使用預設值即可，請點選「確定」。

STEP 03 接下來會詢問是否「立即執行首次備份」，請選取並按下「確定」，Ghost即會執行備份的動作。

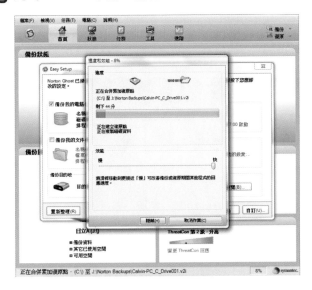

STEP 04 此時，Ghost即開始備份。

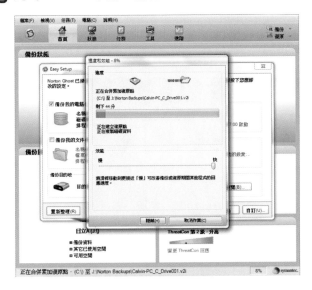

STEP 05 完成視窗出現後，點選「關閉」，即完成系統映像檔的製作。

A-2-2 系統映像檔的還原

STEP 01 請使用「Ghost系統修復」光碟片開機，並至BIOS中設定由光碟開機。

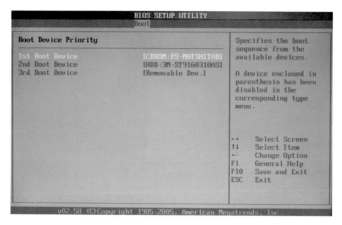

STEP 02 出現授權合約說明，按下「Accept」。

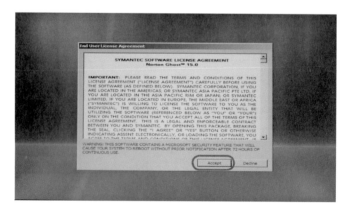

STEP 03 點選「Recover My Computer」。

STEP 04 出現說明視窗，請按「Next」。

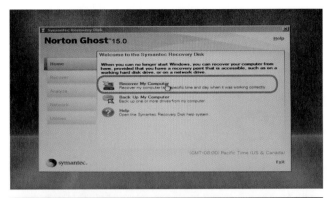

STEP 05 還原程式會自動找到映像檔。如果另外儲存，也可以利用「Browse」選擇映像檔的所在位置，點選「Next」。

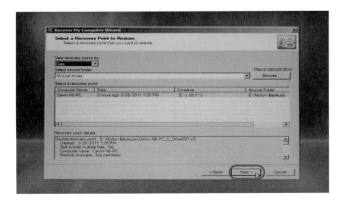

STEP 06 出現確認視窗，請按「Next」，點選「Reboot when finished」，再按下「Finish」。

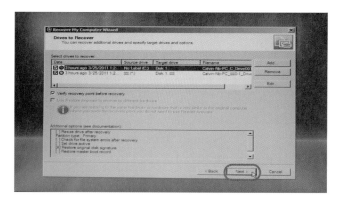

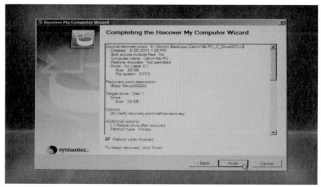

STEP 07 出現再次確認視窗，告知回復後原本在硬碟中的資料會消失，按下「Yes」跳過後，就會自動開始還原。

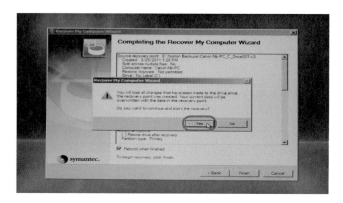

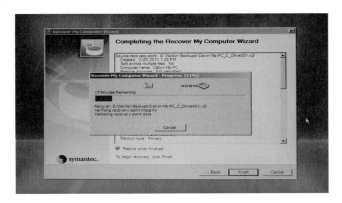

STEP 08 還原進行中。

STEP 09 還原完成後會自動重新開機，進入Windows作業系統就會發現已經回到之前備份的狀態了。

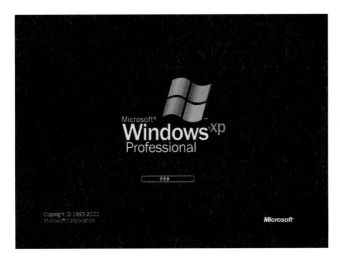

國家圖書館出版品預行編目資料

電腦組裝 DIY 全能王 / 呂志敏編著. - - 三版. - -
　新北市：全華圖書, 民 100.05
　　面； 公分
　ISBN 978-957-21-8077-8(平裝附光碟片)

　1. 電腦硬體 2. 作業系統 3. 電腦維修
471.5　　　　　　　　　　　　　100006559

電腦組裝 DIY 全能王(第三版)

(附電腦組裝教學影片、多樣試用版軟體)

作者 / 呂志敏

執行編輯 / 吳佩珊

發行人 / 陳本源

出版者 / 全華圖書股份有限公司

郵政帳號 / 0100836-1 號

印刷者 / 宏懋打字印刷股份有限公司

圖書編號 / 05568027

三版一刷 / 2011 年 5 月

定價 / 新台幣 420 元

ISBN / 978-957-21-8077-8 (平裝附光碟片)

全華圖書 / www.chwa.com.tw

全華網路書店 Open Tech / www.opentech.com.tw

若您對書籍內容、排版印刷有任何問題，歡迎來信指導 book@chwa.com.tw

臺北總公司(北區營業處)
地址：23671 新北市土城區忠義路 21 號
電話：(02) 2262-5666
傳真：(02) 6637-3695、6637-3696

中區營業處
地址：40256 臺中市南區樹義一巷 26 號
電話：(04) 2261-8485
傳真：(04) 3600-9806

南區營業處
地址：80769 高雄市三民區應安街 12 號
電話：(07) 862-9123
傳真：(07) 862-5562

感謝您對全華圖書的支持與愛用，雖然我們很慎重的處理每一本書，但尚有疏漏之處，若您發現本書有任何錯誤的地方，請填寫於勘誤表內並寄回，我們將於再版時修正。您的批評與指教是我們進步的原動力，謝謝您！

全華圖書　敬上

勘誤表

書 號			書 名	作 者
頁 數	行 數		錯誤或不當之詞句	建議修改之詞句

我有話要說：(其它之批評與建議，如封面、編排、內容、印刷品質等...)

讀者服務卡

為加強對您的服務，只要您填妥本卡三張寄回全華圖書(免貼郵票)，即可成為全華會員卡會員。(詳情見背面說明)

填寫日期：　　/　　/

姓名：　　　　　　　生日：西元　　年　　月　　日　性別：□男 □女

電話：(　)　　　　　傳真：(　)　　　　手機：

e-mail：(必填)

註：數字零，請用 ϕ 表示，數字 1 與英文 L 請另註明，謝謝！

通訊處：□□□□□

學歷：□博士 □碩士 □大學 □專科 □高中‧職 □其他

職業：□工程師 □教師 □學生 □軍‧公 □其他

學校/公司：　　　　　　　　　　科系/部門：

‧您的閱讀喜好：
□A. 電子 □B. 電機 □C. 計算機工程 □D. 資訊 □E. 機械 □F. 汽車 □I. 工管 □J. 土木
□K. 化工 □L. 設計 □M. 商管 □N. 日文 □O. 美容 □P. 休閒 □Q. 餐飲 □其他

本次購買圖書為：　　　　　　　　　　書號：

‧您對本書的評價：
封面設計：□非常滿意 □滿意 □尚可 □需改善，請說明
內容表達：□非常滿意 □滿意 □尚可 □需改善，請說明
版面編排：□非常滿意 □滿意 □尚可 □需改善，請說明
印刷品質：□非常滿意 □滿意 □尚可 □需改善，請說明
書籍定價：□非常滿意 □滿意 □尚可 □需改善，請說明
整體滿意度：請說明

‧您在何處購買本書？
□書局 □網路書店 □書展 □團購 □其他

‧您購買本書的原因？(可複選)
□個人需要 □幫公司採購 □親友推薦 □老師指定之課本 □其他

‧您希望全華以何種方式提供出版訊息及特惠活動？
□電子報 □DM □廣告 (媒體名稱　　　　　　)

‧您是否上過全華網路書店？(www.opentech.com.tw)
□是 □否 您的建議

‧您希望全華出版那方面書籍？

‧您希望全華加強那些服務？

~感謝您提供寶貴意見，全華將秉持服務的熱忱，出版更多好書，以饗讀者。

全華網址：http://www.opentech.com.tw
客服信箱：service@chwa.com.tw
書友專屬網址：http://bookers.chwa.com.tw
訂書專線：(02) 2262-5666 分機 321-324　傳真：(02) 2262-8333
◎請詳填、並書寫端正，謝謝！
98.05 450,000份